LERN STERN

Mein Lernblock

3. Klasse

Mathe & Deutsch

TESSLOFF

LERN STERN

Mathematik

Jede Menge Geld

Ganoven-Ede und seine Kumpane treffen sich zum Poker-spielen. „Mitmachen darf nur, wer 1 000 Euro Einsatz auf den Tisch legt“, bestimmt Ede. Welcher Schurke darf nicht mitspielen? Wie viel Euro fehlen ihm?

_______________ fehlen _____ Euro.

Lösung

Toni fehlen **50** Euro.
Er darf also nicht mitspielen.

Paul hat Ausschnitte aus Hunderterfeldern gebastelt. Doch einige Zahlen fehlen. Wie heißen die fehlenden Zahlen? Fülle die leeren Felder aus.

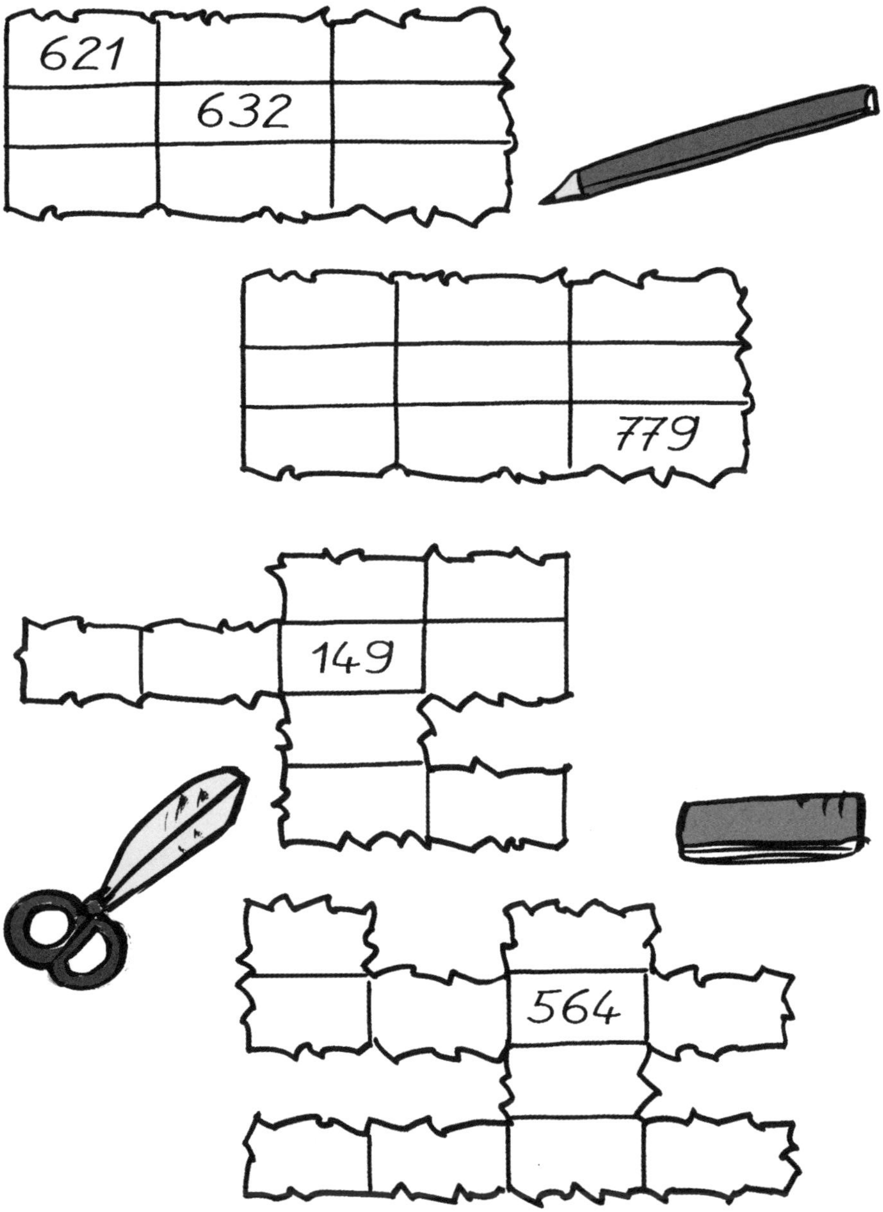

Lösung

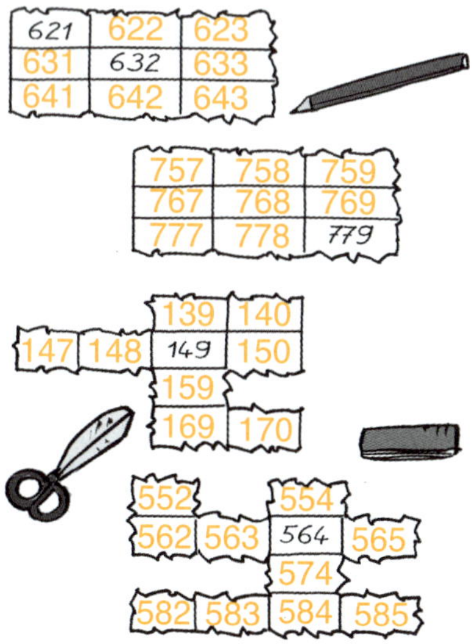
621 622 623
631 632 633
641 642 643
757 758 759
767 768 769
777 778 779
139 140
147 148 149 150
159
169 170
552 554
562 563 564 565
574
582 583 584 585

Zahlenrätsel

Mia und Paul lieben Zahlenrätsel. Rätsle mit ihnen und trage die richtigen Zahlen in die Schilder ein.

Nenne alle Zahlen zwischen 100 und 1 000, bei denen Einer, Zehner und Hunderter gleich sind.

Lösung

1) 460, 244, 999, 404

2) 111, 222, 333, 444, 555,
666, 777, 888, 999

Wer zieht das große Los?

Beim Schulfest gibt es eine Tombola. Hier siehst du die Gewinnlose. Für die kleinste Zahl gibt es nur einen Bonbon. Die größte Zahl ist der Hauptgewinn. Schreibe die Losnummern richtig unter die Gewinne.

GEWINN-LOS 752	GEWINN-LOS 839	GEWINN-LOS 275	GEWINN-LOS 841	GEWINN-LOS 548
GEWINN-LOS 732	GEWINN-LOS 891	GEWINN-LOS 918	GEWINN-LOS 854	GEWINN-LOS 198

Lösung

So ist die Reihenfolge der Losnummern richtig:
198, 275, 548, 732, 752, 839, 841, 854, 891, 918.

Ziffern bilden Zahlen

Mia stellt fest: „Aus drei verschiedenen Ziffern kann ich sechs verschiedene Hunderterzahlen bilden und von der kleinsten bis zur größten Zahl sortieren.“ Schaffst du das auch?

219: ___ < ___ < ___ < ___ < ___ < ___

532: ___ < ___ < ___ < ___ < ___ < ___

487: ___ < ___ < ___ < ___ < ___ < ___

Hier ist eine Ziffer doppelt. Daher kannst du nur drei verschiedene Hunderterzahlen bilden. Schreibe sie der Größe nach auf.

393: ___ < ___ < ___

Lösung

1) $129 < 192 < 219 < 291 < 912 < 921$
$235 < 253 < 325 < 352 < 523 < 532$
$478 < 487 < 748 < 784 < 847 < 874$

2) $339 < 393 < 933$

Lustige Nummernschilder

Autohändler Weber hat seine Werkstatt mit alten Nummernschildern geschmückt. Er erklärt: „Die Zahlen auf zwei Schildern ergeben zusammengezählt genau 888. Wer die beiden Schilder findet, darf sie mit nach Hause nehmen!" Das möchte Paul nur allzu gerne! Kannst du ihm helfen?

Das sind die gesuchten Schilder:

Lösung

HB – WZ 459

RE – ES 429

Immer tausend

Kreise immer zwei Zahlen ein, die direkt nebeneinander oder übereinander stehen und zusammengezählt genau 1 000 ergeben. Das ist 9-mal der Fall!

368	612	278	66	265	735	225
602	388	86	904	35	215	614
207	583	404	96	434	556	236
793	117	573	107	526	444	524
202	618	382	508	74	396	404
697	13	608	91	873	107	123
33	967	23	409	127	113	877

Lösung

368	612	278	66	265	735	225
602	388	86	904	35	215	614
207	583	404	96	434	556	236
793	117	573	107	526	444	524
202	618	382	508	74	396	404
697	13	608	91	873	107	123
33	967	23	409	127	113	877

Molly, das Zebra

Der Tierpfleger erklärt: „Molly ist ein ganz besonderes Zebra. Ihre Streifen sehen auf beiden Seiten genau gleich aus!“ Welches der vier Fotos unten zeigt Molly?

Lösung

Das Foto mit dem Buchstaben **d**
zeigt Molly.

Das wäre schön!

Mia legt Euro-Scheine und Euro-Münzen auf den Tisch, stellt einen Spiegel dahinter und jubelt: „Ich kann Geld verdoppeln!“ Schreibe auf, welchen Geldbetrag Mia mithilfe des Spiegels insgesamt sieht.

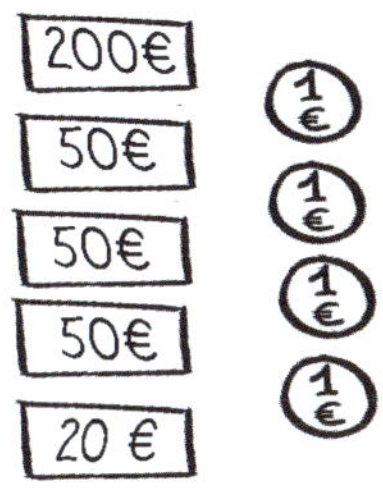

☐ € · 2 = ☐ €

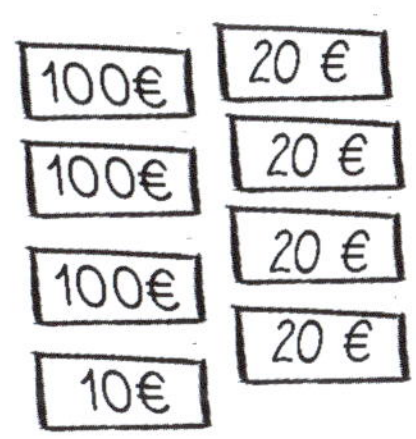

☐ € · 2 = ☐ €

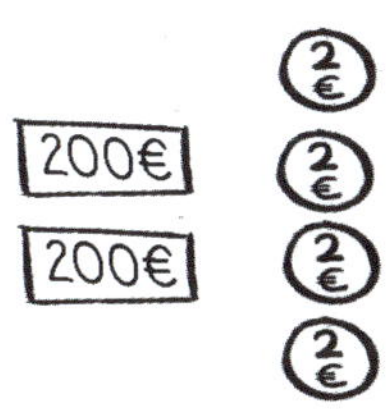

☐ € · 2 = ☐ €

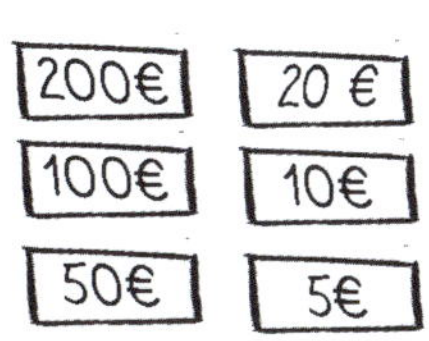

☐ € · 2 = ☐ €

Lösung

374 € · 2 = **748 €**
390 € · 2 = **780 €**
408 € · 2 = **816 €**
385 € · 2 = **770 €**

Paul ist noch ganz erschöpft vom Fußballspiel. Er keucht: „Das war ein Spiel! Insgesamt sind 16 Tore gefallen. Die Gastmannschaft hat 6 Tore weniger geschossen als wir.“ Kreise den richtigen Endspielstand ein.

Lösung

Der Endspielstand lautet
11:5 für Pauls Mannschaft.

Pyramiden-Rätsel

Mia ist sich sicher: „Diese Zahlenmauern kann ich mit Kopfrechnen ausfüllen!“ Du auch? Versuche, im Kopf zu rechnen, oder nimm dir ein Blatt Papier zu Hilfe, wenn du nicht weiterkommst.

a

b

c

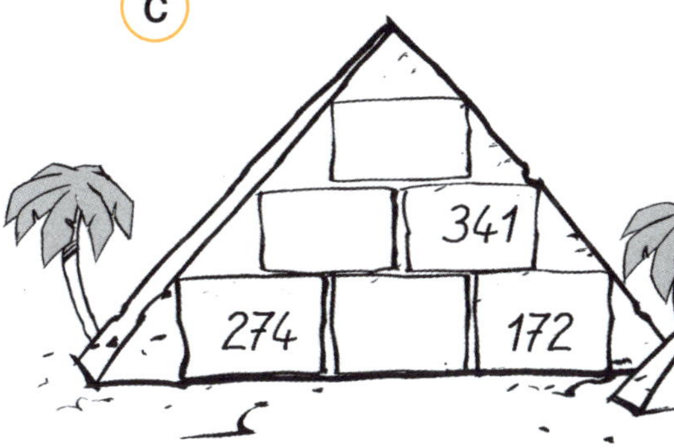

d

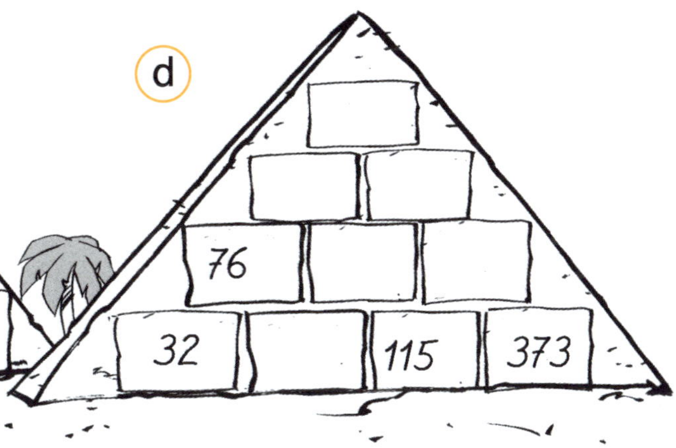

„Mir fällt etwas auf!“, meint Mia. „Die Zahl ganz oben auf

Mauer ______ ist doppelt so groß wie die ganz oben auf

der Mauer ______ .“

Lösung

1)

2) Die Zahl ganz oben auf Mauer **c** ist doppelt so groß wie die Zahl ganz oben auf der Mauer **a**, denn:
$392 \cdot 2 = 784$.

Mia besucht ihre Freundin. Sie geht geradeaus, biegt in die erste Straße links ein, dann in die nächste Straße rechts und danach in die zweite Straße rechts. Wie heißt diese Straße?

____

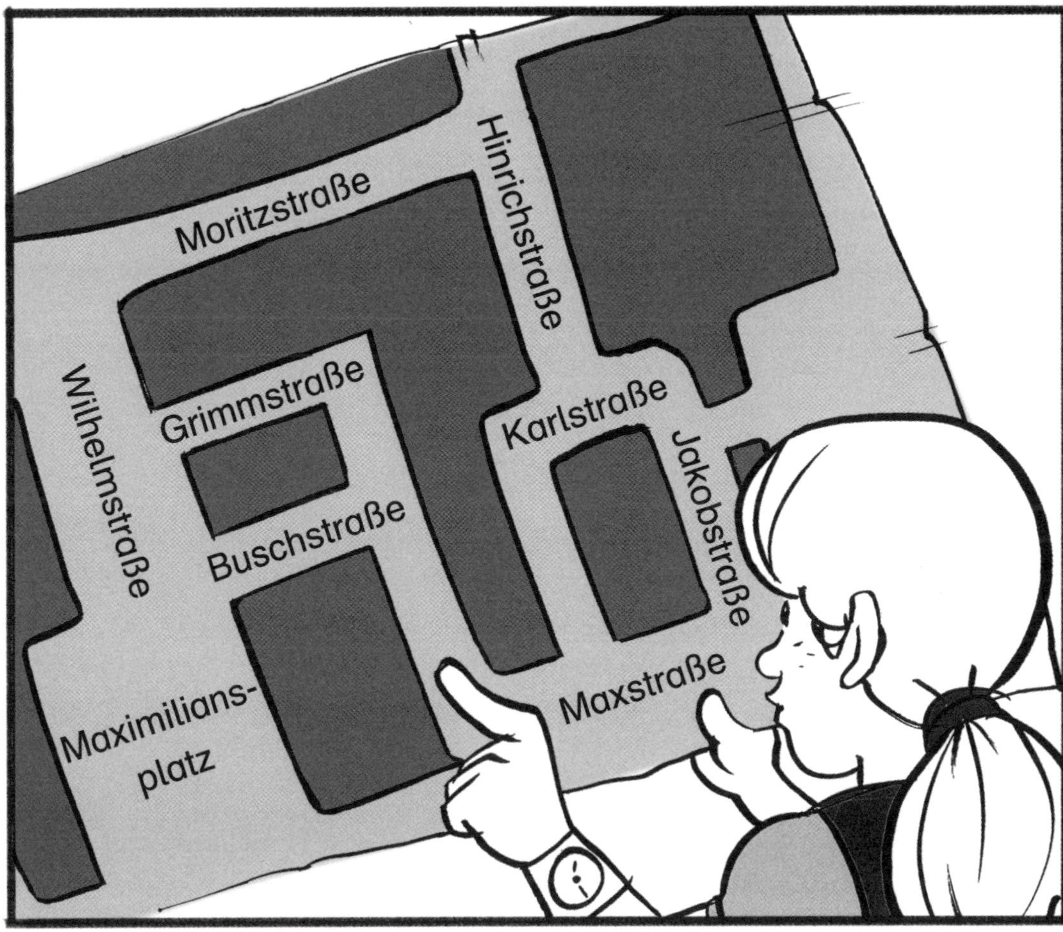

Lösung

Die Straße, in der Mias Freundin wohnt, heißt **Moritzstraße.**

Der Geld-Traum

Paul träumt, dass er jeden Euro-Schein, jede Euro-Münze und jede Cent-Münze genau 1-mal bekommt. Wie viel Geld ist das zusammen? Zeichne alle Scheine und Münzen auf und zähle dann zusammen.

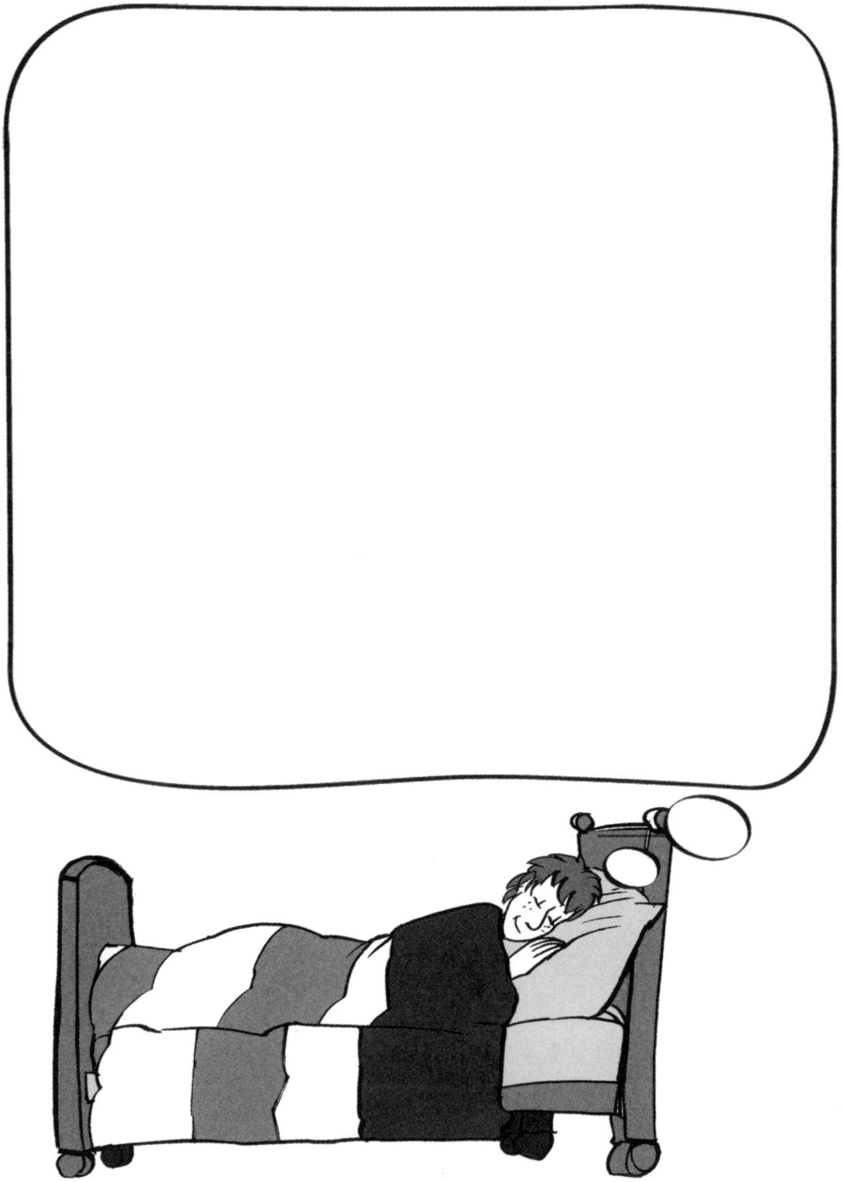

Lösung

Das sind genau **888,88 €:**

500 € + 200 € + 100 € + 50 € + 20 € + 10 € +
5 € + 2 € + 1 € = 888 €

50 ct + 20 ct + 10 ct + 5 ct + 2 ct + 1 ct = 88 ct

Seltsame Reihen

Findest du heraus, wie diese Zahlenreihen aufgebaut sind?
Dann schreibe die nächsten beiden Zahlen auf.

130 → (+130) 260 → 390 → ☐ → ☐

670 → ◯ 610 → 550 → ☐ → ☐

98 → ◯ 196 → 294 → ☐ → ☐

895 → ◯ 673 → 451 → ☐ → ☐

20 → ◯ 40 → 80 → ☐ → ☐

800 → ◯ 400 → 200 → ☐ → ☐

Hoppla! Was für eine Zahlenreihe ist denn das?
Und wie geht sie weiter?

31 → 28 → 31 → 30 → 31 → 30 → ☐

Lösung

1) 130 → 260 → 390 → **520** → **650** (+ 130)
670 → 610 → 550 → **490** → **430** (– 60)
98 → 196 → 294 → **392** → **490** (+ 98)
895 → 673 → 451 → **229** → **7** (– 222)
20 → 40 → 80 → **160** → **320** (· 2)
800 → 400 → 200 → **100** → **50** (: 2)

2) Die Zahlenreihe beschreibt die Anzahl der Tage, die die Monate haben:
31 (Januar) → 28 (Februar) → 31 (März) → 30 (April) → 31 (Mai) → 30 (Juni) → **31** (Juli)

Uropa macht keinen Fehler

Pauls Uropa erzählt: „Als Lehrling musste ich jeden Abend lange Zahlenreihen mit Zettel und Stift zusammenzählen. Ich war der Beste und habe mich nie verrechnet!“ Paul und Mia rechnen mit Uropa um die Wette. Aber nur Uropa hat das richtige Ergebnis. Welches ist das? Rechne schriftlich und kreise das richtige Ergebnis ein.

861,57 €

951,57 €

961,57 €

Lösung

Das Ergebnis **961,57 €** ist richtig.

Ganz besonders günstig?

Im Supermarkt gibt es ganz besonders günstige Lineale. Mia schaut sie sich genau an und meint: „Nur bei einem Lineal ist alles richtig.“ Welches Lineal ist das?

a
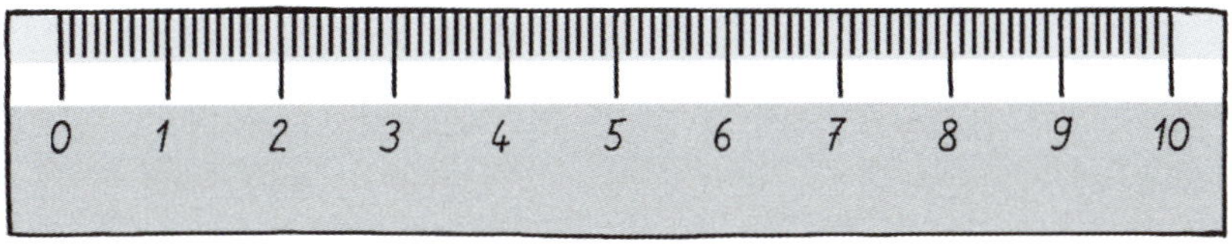

b
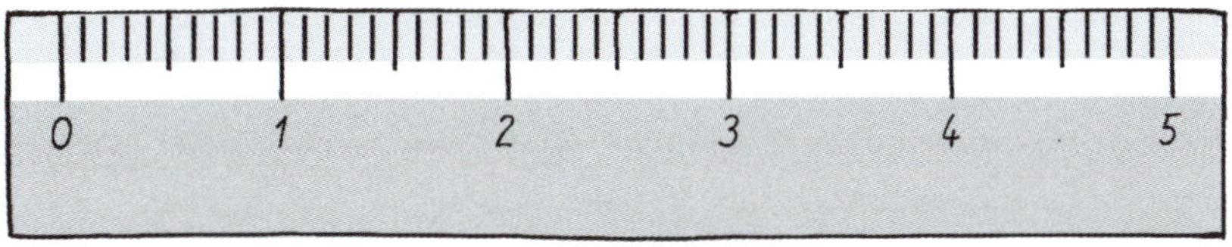

c
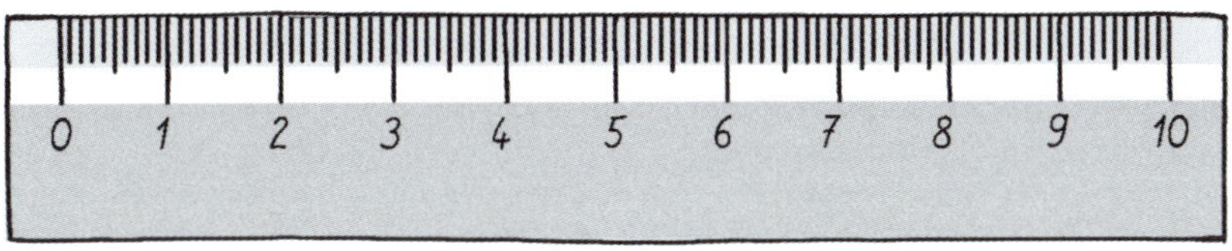

d
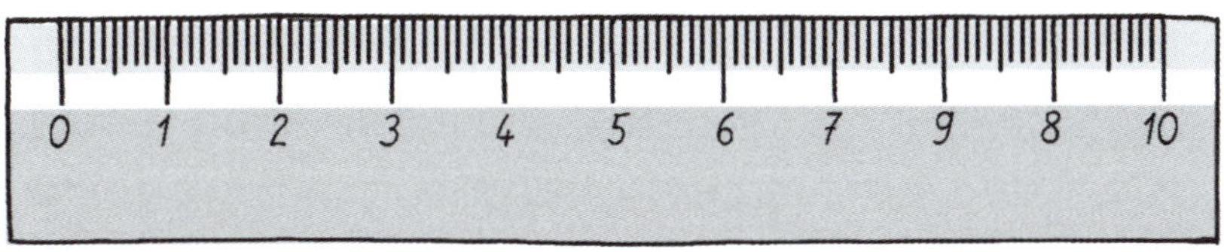

e
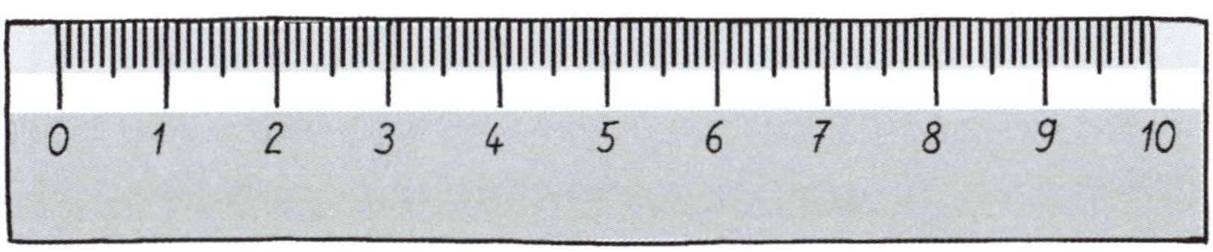

f
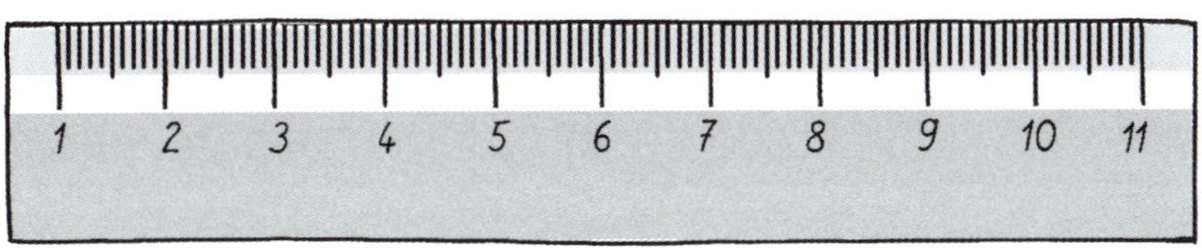

Lösung

Das Lineal mit dem Buchstaben **e** ist das richtige.

Das stimmt bei den anderen Linealen nicht:

a: Die 5-mm-Striche sind nicht länger als die anderen Millimeter-Striche.

b: 1 cm entspricht bei diesem Lineal nicht 1 cm in der Wirklichkeit.

c: Die Millimeter-Striche sind nicht überall richtig.

d: Die Zahlen 8 und 9 sind vertauscht.

f: Das Lineal beginnt bei der Eins, nicht bei der Null.

„Ob ich Rechentürme mit Hunderterzahlen auch im Kopf lösen kann?“, überlegt Paul. Hilf ihm dabei! Jeder Stein zeigt das Ergebnis, das man beim Zusammenzählen der beiden Steine darunter erhält. Nimm dir ein Blatt Papier zu Hilfe, wenn du nicht weiterkommst.

Lösung

185
110
75
35
40
555
333
222
111
111
547
337
210
127
83
987
654
333
321
12
1000
753
247
16
231
372
244
128
116
12

Der stärkste Mann der Welt hat mal wieder seine Hanteln durcheinandergebracht. Hilf ihm, sie zu ordnen: Schreibe das Gewicht zu jeder Hantel dazu. Die kleinste Hantel wiegt 30 kg, die nächstgrößere wiegt jeweils 30 kg mehr!

Lösung

Zahlenfische vertragen sich nur mit Fischen, die zu der gleichen Einmaleins-Reihe gehören. Deshalb sollte der Zoohändler ganz schnell aus jedem Aquarium einen Fisch in ein anderes setzen! Kreise die drei Fische ein, die nicht zu den anderen gehören, und zeichne einen Pfeil zu dem Aquarium, in das sie passen.

Lösung

Einmal-
eins mit
70

Einmal-
eins mit
90

Einmal-
eins mit
80

Würfel aus Pappe

Mia will Würfel aus Pappe basteln und schneidet dafür verschiedene Würfelnetze aus. Ihr kleiner Bruder Leon möchte gerne mithelfen und schneidet auch ein Netz aus. Aber daraus kann man gar keinen Würfel basteln! Findest du heraus, welches Netz Leon ausgeschnitten hat?

Lösung

Das Netz mit dem Buchstaben **d** hat Leon ausgeschnitten: Es lässt sich nicht zu einem Würfel falten.

Das leuchtende Riesenrad

Der Jahrmarkt ist zu Ende. Mia und Paul sprechen mit dem Besitzer des Riesenrades. „Ihr Riesenrad sah mit den vielen Glühbirnen toll aus!“, sagt Mia. „Aber so viele Glühbirnen machen auch viel Arbeit“, erklärt der Besitzer. „Täglich gehen etwa 60 Glühbirnen kaputt. Jetzt müssen wir 540 Glühbirnen auswechseln.“ Wie lange hat der Jahrmarkt gedauert? Schreibe die Rechnung auf.

[ ] : [ ] = [ ]

Wie viele Glühbirnen muss man etwa ersetzen, wenn ein Jahrmarkt zwei Wochen dauert? Schreibe auf.

[ ] · [ ] = [ ]

Lösung

1) Der Jahrmarkt hat **9 Tage** gedauert,
denn: $540 : 60 = 9$.

2) Nach zwei Wochen muss man etwa
840 Glühbirnen ersetzen, denn:
2 Wochen = 14 Tage → $14 \cdot 60 = 840$.

Zehner-Einmaleins

Paul hat sich Einmaleins-Felder mit Zehnerzahlen ausgedacht. Findest du die Lösungen?

•	7	20
50		
30		

•	9	
20		160
	360	

•	60	
		720
3		240

•		
70	490	280
	350	

•		40
	350	200
		280

Lösung

·	7	20
50	350	1 000
30	210	600

·	9	8
20	180	160
40	360	320

·	60	80
9	540	720
3	180	240

·	7	4
70	490	280
50	350	200

·	70	40
5	350	200
7	490	280

Honig-Blüten

Biene Sumsela ist ganz besonders schlau. Sie fliegt nur auf Blüten, deren Zahl durch 90 teilbar ist. Denn dort gibt es besonders viel Honig! Zeichne Sumselas Weg ein. Verbinde jede Blüte mit der Nachbarblüte, die durch 90 teilbar ist. Male dann die Blüte aus, bei der Sumsela am Ende unten ankommt.

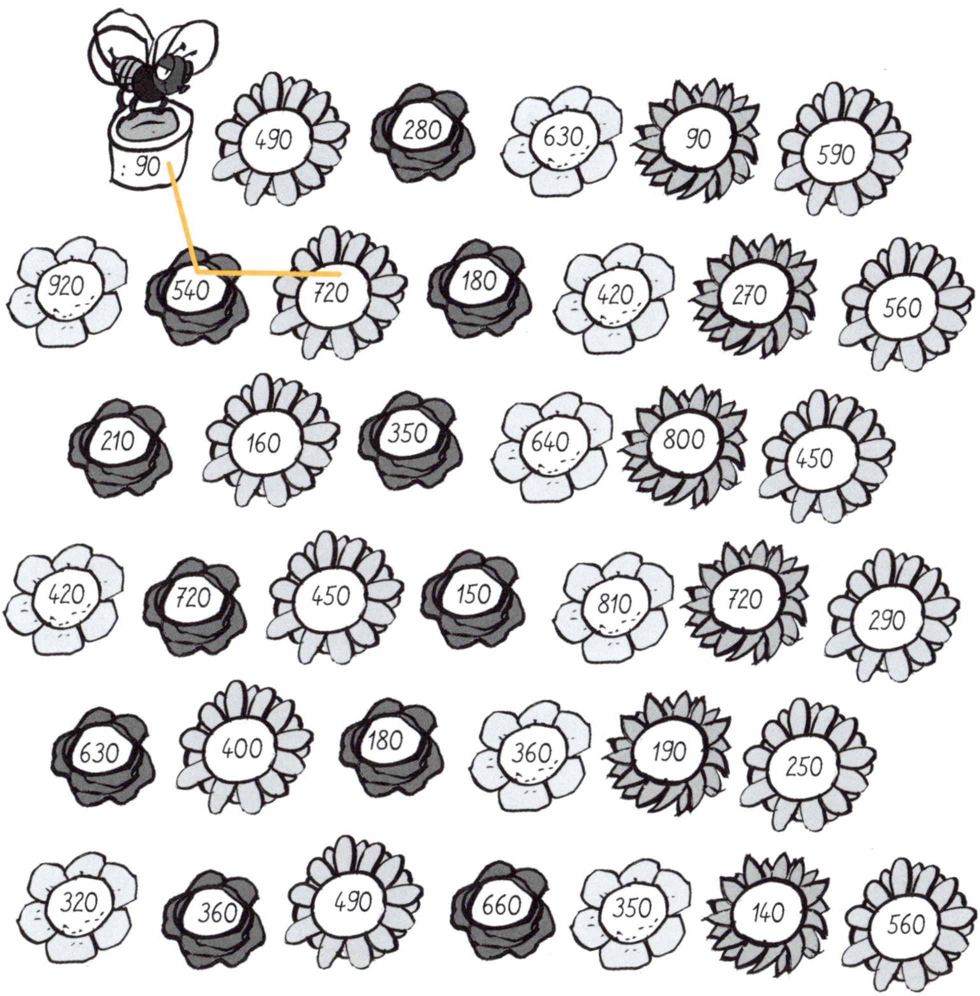

Lösung

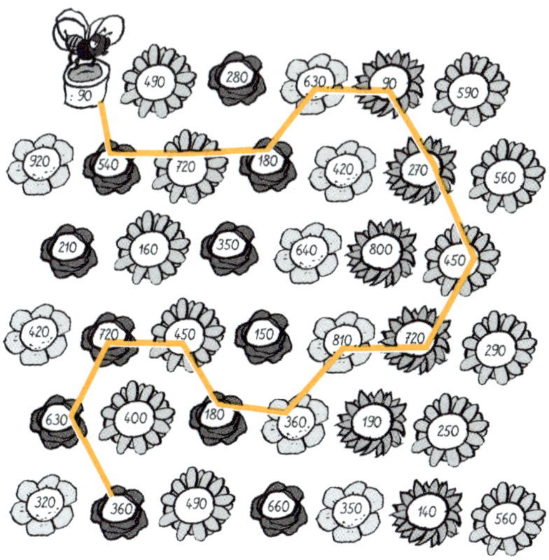

: 90
490
280
630
90
590
920
540
720
180
420
270
560
210
160
350
640
800
450
420
720
450
150
810
720
290
630
400
180
360
190
250
320
360
490
660
350
140
560

Münzen-Raten

Jedes Kind hat genau 10 Geldmünzen von nur 2 Sorten. 1-Euro-Münzen hat jeder. Aber wie viele? Und welche Cent-Münzen hat jedes Kind außer den 1-Euro-Münzen? Finde heraus, wie sich die Geldbeträge zusammensetzen. Nimm dir ein Blatt Papier, um die verschiedenen Möglichkeiten auszuprobieren.

Lösung

Mia: 1,45 Euro = 1 · 1 € + 9 · 5 ct
Paul: 5,20 Euro = 4 · 1 € + 6 · 20 ct
Emil: 3,70 Euro = 3 · 1 € + 7 · 10 ct
Julia: 7,50 Euro = 5 · 1 € + 5 · 50 ct

Ein nettes Treffen

Drei ältere Damen sitzen in einem Café. Frau Schmidt sagt: „Wie nett, dass wir heute alle drei zusammensitzen! So oft kommt das ja gar nicht vor.“ Lies, was jede der Damen sagt, und überlege dann: In wie vielen Tagen treffen sich die drei wieder?

Die drei Damen treffen sich in ______ Tagen wieder.

Lösung

Alle drei treffen sich in **30 Tagen** wieder, denn 30 ist die kleinste Zahl, die durch 2, 3 und 5 teilbar ist.

Mia hat mehrere Striche millimetergenau gezeichnet und erklärt Paul: „Einer der Striche ist genau doppelt so lang wie ein anderer.“ Welche beiden Linien meint sie? Miss die Linien und schreibe die Länge zu jeder Linie.

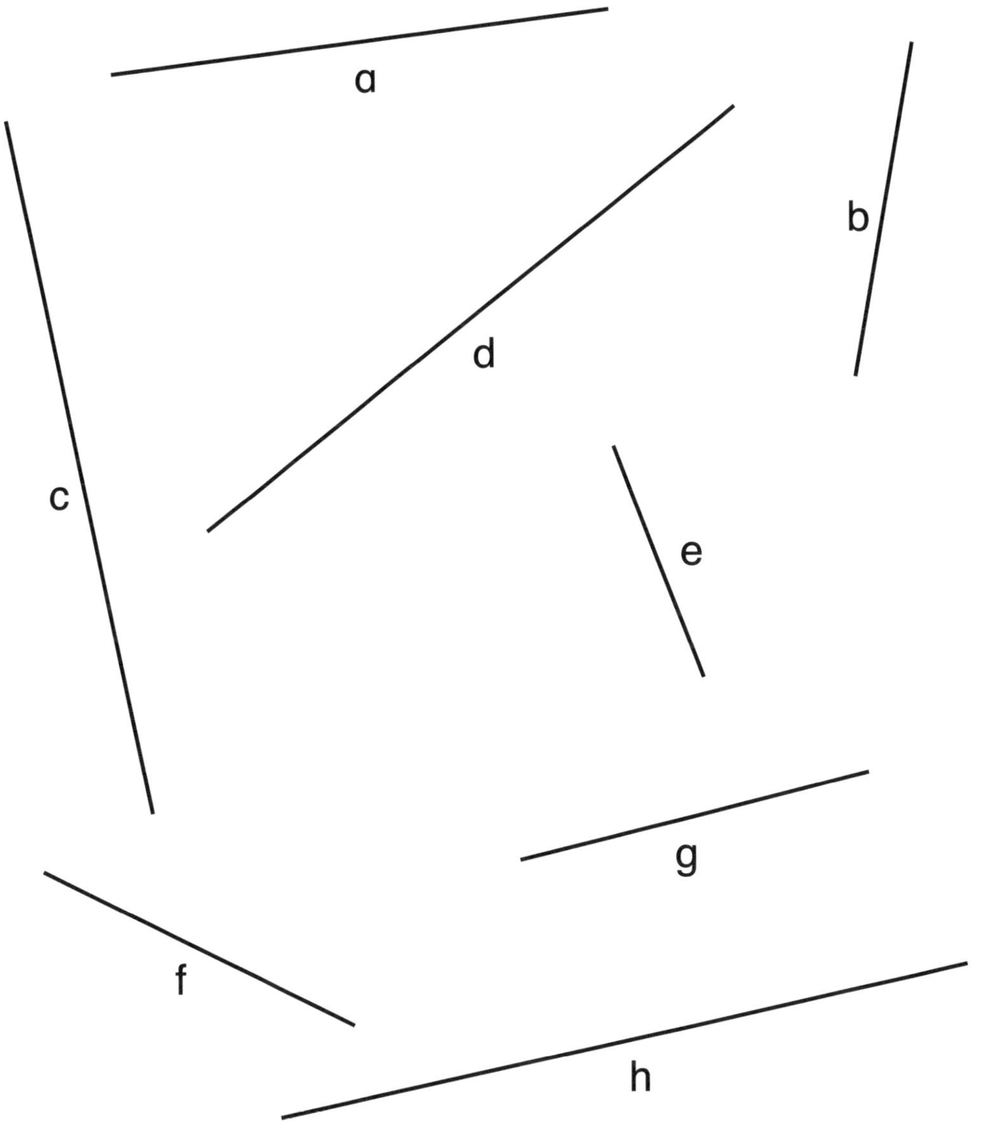

Lösung

Der Strich mit dem Buchstaben **c** ist genau doppelt so lang wie der Strich mit dem Buchstaben **f.**

Der große, dicke Eisbär

Mias Familie steht vor dem Eisbärengehege. Auf dem Schild steht, wie schwer Eisbär Ole ist. Findest du heraus, wie schwer die Personen in Mias Familie sind? Trage das Gewicht in die Kästchen ein.

Lösung

Vater: **80** kg (480 kg : 6 = 80 kg)
Mutter: **60** kg (480 kg : 8 = 60 kg)
Mia: **30** kg (60 kg : 2 = 30 kg)
Leon: **16** kg (80 kg : 5 = 16 kg)

Lustiges Zahlenraten

Welche Zahlen denken sich die Kinder? Trage sie in die Fahnen ein.

Lösung

Felix: **560** ($560 : 70 = 8$)
Lukas: **825** ($825 - 528 = 297$)
Sven: **50** ($50 \cdot 2 = 100 \rightarrow 100 \cdot 2 = 200$)
Ida: **9** ($9 \cdot 50 + 37 = 487$)

Hin und her

Mias Mutter benutzt ihr Auto nur, um täglich zur Arbeit und wieder nach Hause zu fahren: 30 km Hinweg und 30 km Rückweg. Am Montagmorgen vor der ersten Fahrt hat sie den Kilometerzähler auf 0 gestellt. Gerade im Moment zeigt er 225 km an.

Welcher Wochentag ist heute? ______________________

Was ist richtig? Kreuze an.

☐ Mias Mutter ist auf dem Weg zur Arbeit.

☐ Mias Mutter ist auf dem Weg nach Hause.

Wie weit ist es noch bis zum Ziel? ☐ km

Lösung

Heute ist **Donnerstag.**
Mias Mutter ist auf dem Weg
nach Hause.
Bis zum Ziel sind es noch **15** km.

Ringewerfen

Auf dem Schulfest darf jeder sechs Ringe werfen. Paul hat die weißen Ringe gewählt und Mia wirft die gestreiften Ringe. Welche Punktzahl muss Mia mit ihrem letzten Wurf mindestens erzielen, um insgesamt mehr Punkte zu haben als Paul?

Mia braucht ______ Punkte.

Mia braucht **80** Punkte.

Paul:
50 + 60 + 70 + 80 + 80 + 90 = 430
Mias bisherige Punkte:
50 + 50 + 80 + 90 + 90 = 360

Kürzer oder länger?

Mia weiß: „Um Längenangaben zu vergleichen, muss ich nicht nur auf die Zahlen achten, sondern auch auf die Maßeinheiten!“ Ordne die Längenangaben der Größe nach. Beginne mit der kleinsten. Die vorangestellten Buchstaben verraten dir das Lösungswort.

- L 162 cm
- G 1 km
- U 25,8 cm
- W 3 m
- S 2,5 cm
- H 5 cm
- E 718 cm
- C 47 mm

Lösung

Das Lösungswort heißt **SCHULWEG.**

Kaminholz

Paul und sein Vater wollen Kaminholz aus dem Wald holen. Waldarbeiter Tanner zeigt auf einen dicken Baumstamm. „Dieser Stamm ist genau 3,60 m lang“, erklärt er. Wie oft muss er sägen, um den Stamm in 40 cm lange Stücke zu zerlegen?

-mal

Wie oft müsste Waldarbeiter Tanner bei demselben Baumstamm sägen, wenn Pauls Vater lieber 30 cm lange Stücke haben möchte?

-mal

Lösung

1) Der Waldarbeiter muss den Baumstamm in 9 Stücke zersägen, denn: 360 cm : 40 cm = 9. Um 9 Stücke zu erhalten, muss er **8**-mal sägen.

2) Für 30 cm lange Stücke müsste er den Stamm in 12 Stücke zersägen, denn: 360 cm : 30 cm = 12.
Um diese 12 Stücke zu erhalten, müsste er **11**-mal sägen.

Bahn für Bahn

Heute möchte Paul unbedingt einen Kilometer schwimmen!
Im 50-m-Becken ist er schon 13 Bahnen geschwommen.

Wie viel Meter ist Paul schon geschwommen? ____ Meter

Wie viele Bahnen muss er noch schwimmen, um einen Kilometer zu schaffen? ____ Bahnen

Mia schwimmt lieber in einem Schwimmbad mit einem 25-m-Becken. Wie viele Bahnen muss sie dort schwimmen, um einen Kilometer zu schaffen?

____ Bahnen

Lösung

1) Paul ist bis jetzt **650** Meter geschwommen, denn:
$13 \cdot 50\ m = 650\ m$.

2) Er muss noch **7** Bahnen schwimmen, denn:
$1\,000\ m - 650\ m = 350\ m$ und
$350\ m : 50\ m = 7$.

3) In einem 25-m-Becken muss Mia **40** Bahnen schwimmen, um einen Kilometer zu schaffen, denn:
$1\,000\ m : 25\ m = 40$.

Lückenhafte Aufgaben

Bei diesen schriftlichen Rechenaufgaben sind einige Ziffern verloren gegangen. Finde sie und schreibe sie in die Lücken.

```
   _27
+ 41_
------
  7_5
```

```
   _5_
+ 2_9
------
  902
```

```
  4_6
+ 35_
------
  _22
```

```
   _34
+ 5_9
------
  94_
```

Wo wird zusammengezählt? Wo wird abgezogen? Überlege und setze dann die fehlenden Rechenzeichen und Ziffern ein.

```
   _72
○ 3_6
------
  546
```

```
   _89
○ 1_7
------
  616
```

Lösung

$$\begin{array}{r} 327 \\ +\ 418 \\ \hline 745 \end{array} \qquad \begin{array}{r} 653 \\ +\ 249 \\ \hline 902 \end{array}$$

$$\begin{array}{r} 466 \\ +\ 356 \\ \hline 822 \end{array} \qquad \begin{array}{r} 434 \\ +\ 509 \\ \hline 943 \end{array}$$

$$\begin{array}{r} 872 \\ \ominus\ 326 \\ \hline 546 \end{array} \qquad \begin{array}{r} 489 \\ \oplus\ 127 \\ \hline 616 \end{array}$$

Frischluft fürs Kaninchen

Mia möchte einen rechteckigen Auslauf für ihr Kaninchen bauen. Die Maße des Rechtecks hat sie sich gemerkt. Nun sucht sie im Baumarkt nach dem passenden Draht. Welche Rolle muss Mia mindestens kaufen, damit sie genug Draht hat? Kreuze die richtige Rolle an.

6 m — 7 m — 8 m — 9 m

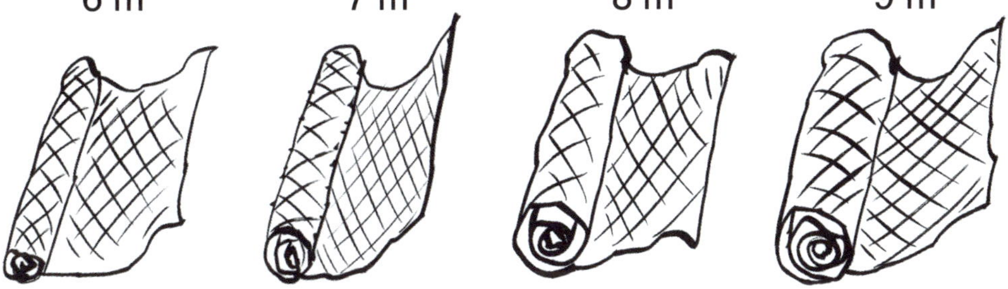

☐ ☐ ☐ ☐

Lösung

Mia muss die **8-m-Rolle** kaufen, denn:

$2 \cdot 1{,}60\ \text{m} + 2 \cdot 2{,}35\ \text{m} =$

$3{,}20\ \text{m} + 4{,}70\ \text{m} = 7{,}90\ \text{m}.$

Genau dieselbe Zeit

„Ich habe 14 verschiedene Zeitspannen aufgeschrieben", behauptet Paul. Mia sieht sich die Zettel kurz an und meint: „Du machst wohl Witze. Immer zwei Angaben sind genau gleich." Verbinde die gleichen Angaben.

1 Jahr	4 Tage
36 Monate	9 min
96 h	365 Tage
540 s	49 Tage
8 h	2 Jahre
7 Wochen	3 Jahre
730 Tage	480 min

Lösung

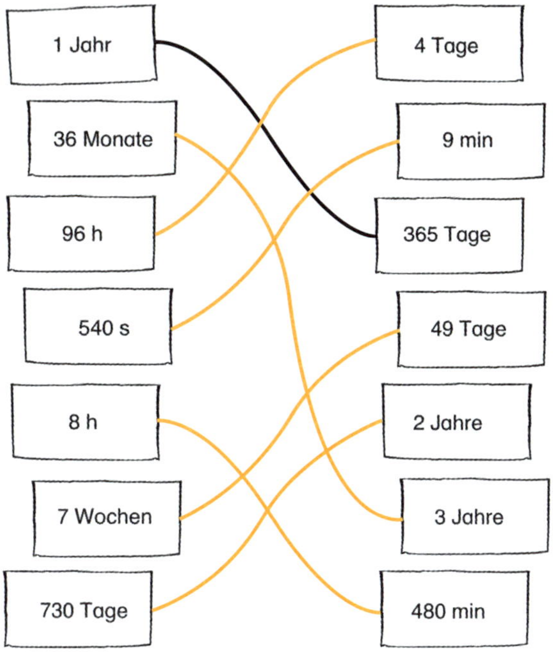
1 Jahr
36 Monate
96 h
540 s
8 h
7 Wochen
730 Tage
4 Tage
9 min
365 Tage
49 Tage
2 Jahre
3 Jahre
480 min

Zauberhafte Vorstellung

Ein Zauberer zeigt in der Schule seine Kunststücke. Alle 20 Bänke sind voll besetzt. Wie viele Kinder auf einer Bank sitzen, siehst du im Bild. Außerdem müssen 23 Kinder und alle 14 Lehrer stehen. Wie viele Personen sind im Raum? Überlege genau!

Lösung

Es waren **218** Personen im Raum:
180 Kinder auf den Bänken ($20 \cdot 9 = 180$),
23 stehende Kinder, 14 Lehrer und
1 Zauberer!

Sterne aus Papier

Mia zeigt ihrem kleinen Bruder Leon, wie man Sterne ganz einfach aus Papier ausschneiden kann, wenn man das Papier vorher faltet. Male jedes gefaltete Papier in der gleichen Farbe aus wie den dazugehörigen Stern.

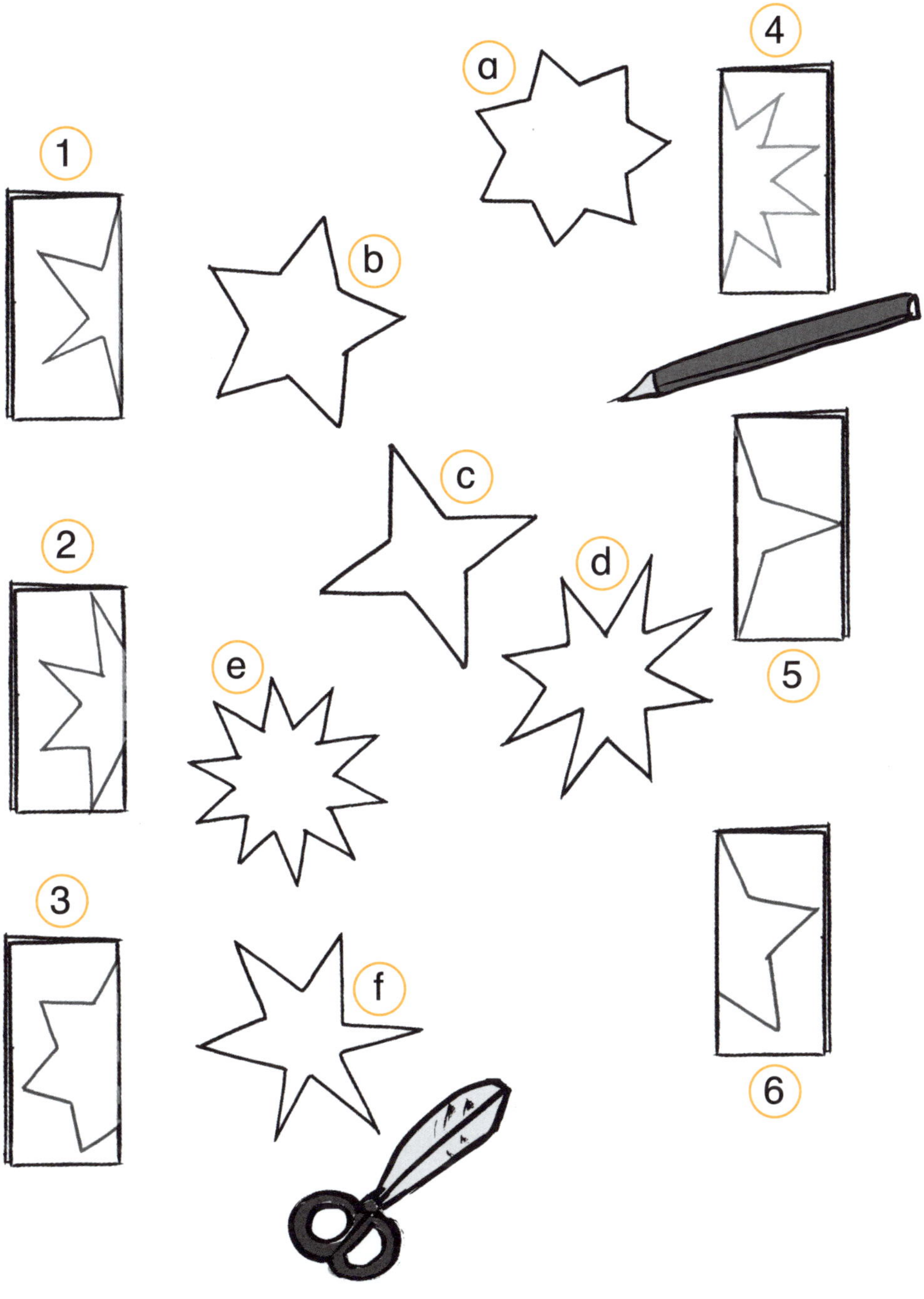

Lösung

So gehören die Paare zusammen:
1f, 2d, 3a, 4e, 5c, 6b.

Alle Jahre wieder

Autohändler Weber freut sich: „Sobald die ersten kalten Tage kommen, brauchen alle Leute Winterreifen für ihre Autos. Wir haben in der letzten Woche täglich bei 30 Autos die Reifen gewechselt." Paul denkt nach: Wie viele Reifen wurden denn letzte Woche insgesamt gewechselt?

☐ Reifen

Lösung

In der Werkstatt wird von Montag bis Samstag, also an 6 Tagen in der Woche gearbeitet. An jedem Auto sind 4 Reifen zu wechseln. In einer Woche sind es also insgesamt **720** Reifen, denn: $6 \cdot 30 \cdot 4 = 6 \cdot 120 = 720$ Reifen.

Jahresende

Paul und Mia können es gar nicht erwarten: In 58 Stunden und 30 Minuten beginnt das neue Jahr! Trage den Tag, an dem Paul und Mia schon vorfeiern, und den passenden Monat im Kalender ein und schreibe die richtige Uhrzeit in die Uhr.

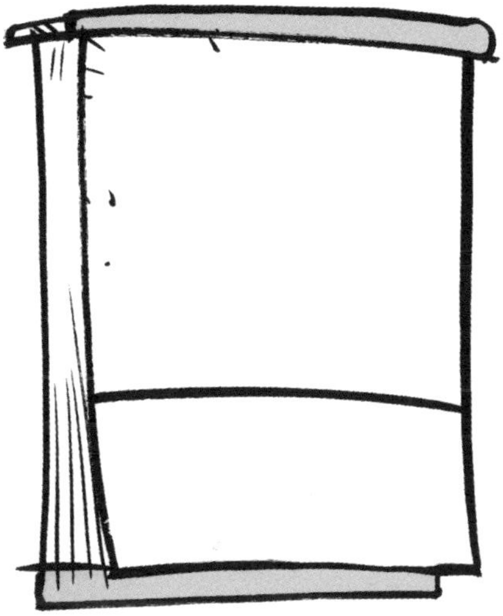

Lösung

29. Dezember, 13.30 Uhr.

Komische Zeiten

Paul findet es lustig, Zeitangaben mit unpassenden Einheiten zu machen. Weißt du, was er meint? Rechne die Zeitangaben in die passenden Einheiten um und schreibe die richtigen Zeitangaben auf.

In 240 Stunden habe ich Geburtstag!

☐ Tage

Dann werde ich genau 108 Monate alt.

☐ ____________

Meine Hausaufgaben mache ich an dem Tag trotzdem. Das dauert höchstens 900 Sekunden.

☐ ____________

Die Feier mit meinen Freunden dauert bestimmt mindestens 240 Minuten.

☐ ____________

Paul hat am 57. Tag des Jahres Geburtstag. Welches Datum hat dieser Tag?

Lösung

1) 240 Stunden = **10** Tage
108 Monate = **9 Jahre**
240 Minuten = **4 Stunden**
900 Sekunden = **15 Minuten**

2) Der 57. Tag des Jahres ist
der **26. Februar.**

Voll besetzt!

Mit so vielen Leuten hat Fährmann Hansen heute nicht gerechnet: Insgesamt 372 Personen möchten hinüber ans andere Ufer gebracht werden. Auf die Fähre passen aber nur 90 Fahrgäste. Wie oft muss Fährmann Hansen mit den Fahrgästen über den Fluss fahren, bis alle Personen auf der anderen Flussseite sind?

☐ -mal

Wie viele Personen sind bei der letzten Fahrt an Bord, wenn die Fähre bei jeder Fahrt voll besetzt war?

☐ Personen

Lösung

1) Fährmann Hansen muss **5**-mal mit den Fahrgästen über den Fluss fahren, denn:
$5 \cdot 90 = 450$.
Wenn er 4-mal fährt, wäre nur für 360 Personen Platz, denn:
$4 \cdot 90 = 360$.

2) Bei der letzten Fahrt sind noch **12** Personen an Bord, denn:
$372 - 360 = 12$.

LERN STERN

Deutsch

Großes Worträtsel

Wie heißen die Dinge? Trage die richtigen Wörter zu den Bildern in das Kreuzworträtsel ein. Tipp: Sieh im Wörterbuch nach, wenn du dir nicht sicher bist, wie ein Wort geschrieben wird.

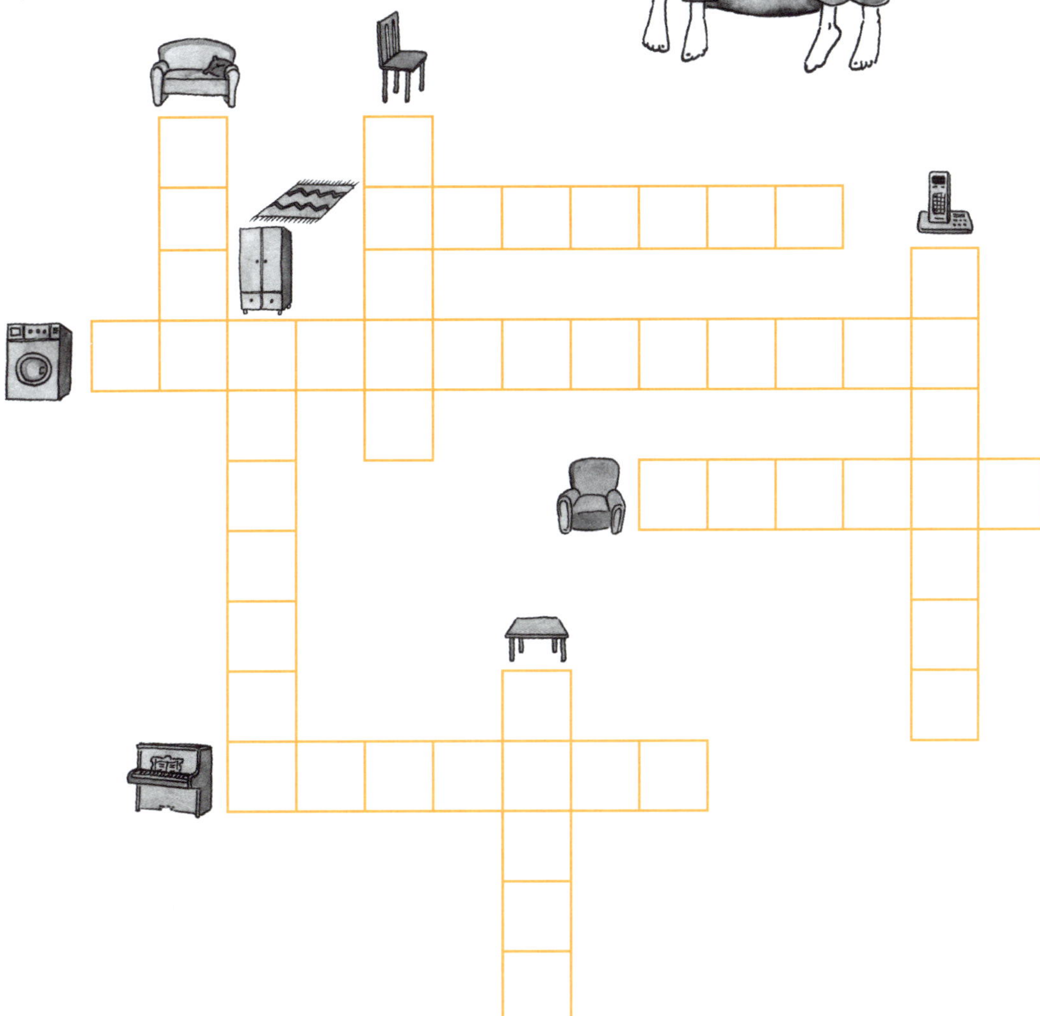

Lösung

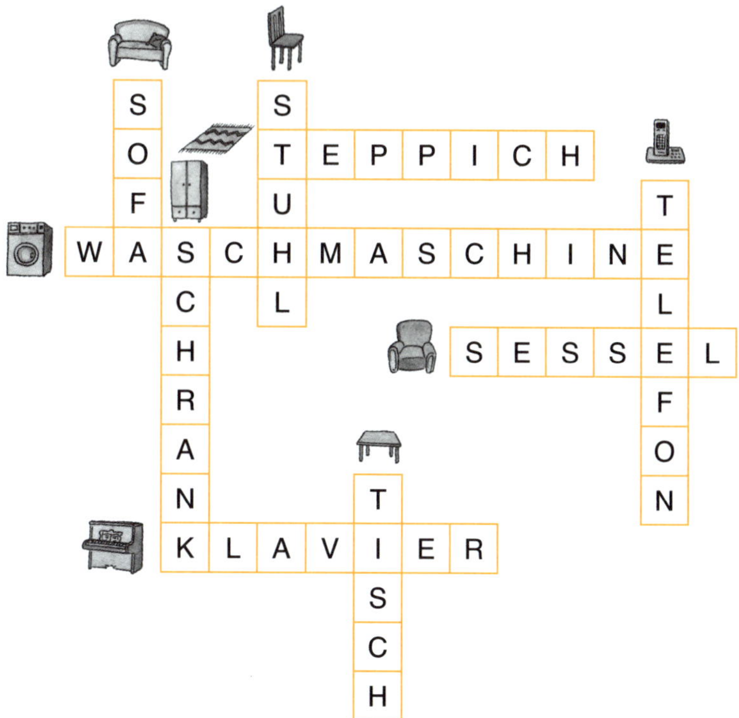
SOFA
STUHL
TEPPICH
TELEFON
WASCHMASCHINE
SCHRANK
SESSEL
TISCH
KLAVIER

Im Zirkus

Sieh dir das Bild genau an. Kreuze dann die Sätze an, die zum Bild passen. Die Buchstaben dahinter verraten dir den Namen des kleinen Elefanten.

- [ ] E Der Affe frisst eine Banane.
- [ ] T Der Affe frisst Stroh.
- [ ] U Der Elefant frisst eine Banane.
- [ ] D Der Clown trägt eine gepunktete Jacke.
- [ ] L Der Clown trägt eine gestreifte Jacke.
- [ ] L Der Affe sitzt auf dem kleinen Elefanten.
- [ ] R Der Affe sitzt auf dem Trapez.
- [ ] B Der Clown füttert den kleinen Elefanten.
- [ ] I Der Clown füttert den großen Elefanten.

Lösung

Der kleine Elefant heißt **ELLI.**

Maulwurf Manni kriecht so durch seine Gänge, dass die Reihenfolge der Buchstaben seine Lieblingsspeise nennt. Was ist das? Beginne bei Manni und zeichne den Weg ein.

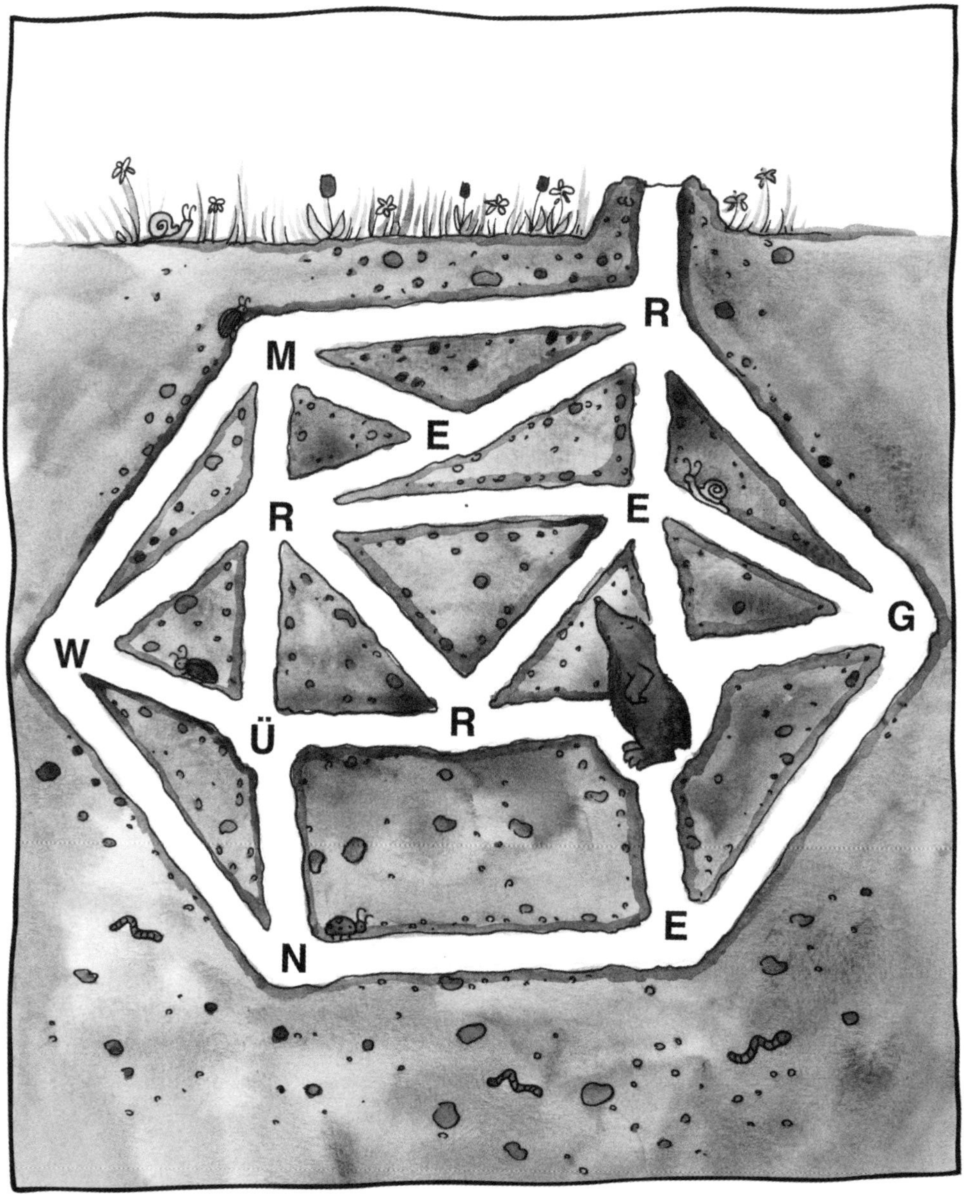

Lösung

Mannis Lieblingsspeise sind
REGENWÜRMER:

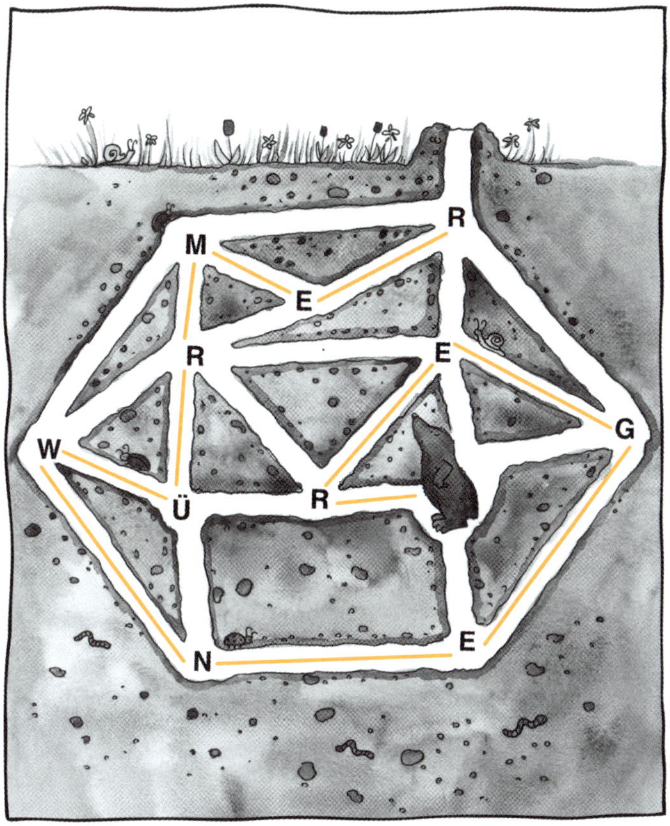

Viele Berufe

In diesem Buchstabenfeld verstecken sich waagerecht und senkrecht zehn verschiedene Berufe. Umkreise sie.

R	A	P	D	Z	O	A	L	K	Ü	F	B
D	S	I	L	K	G	R	E	T	K	Ö	N
A	G	L	E	R	D	Z	F	S	O	U	P
C	J	O	N	F	E	T	R	S	C	H	O
H	S	T	A	N	D	P	E	R	H	S	L
D	I	F	B	Ä	C	K	E	R	V	O	I
E	G	A	L	T	S	D	Ö	F	M	U	Z
C	H	A	R	T	I	S	T	O	A	F	I
K	L	E	P	B	E	R	S	L	U	M	S
E	S	L	E	H	R	E	R	I	R	Z	T
R	O	T	E	R	Z	U	F	P	E	R	L
U	G	Ä	R	T	N	E	R	O	R	F	T

Lösung

R	A	P	D	Z	O	A	L	K	Ü	F	B
D	S	I	L	K	G	R	E	T	K	Ö	N
A	G	L	E	R	D	Z	F	S	O	U	P
C	J	O	N	F	E	T	R	S	C	H	O
H	S	T	A	N	D	P	E	R	H	S	L
D	I	F	B	Ä	C	K	E	R	V	O	I
E	G	A	L	T	S	D	Ö	F	M	U	Z
C	H	A	R	T	I	S	T	O	A	F	I
K	L	E	P	B	E	R	S	L	U	M	S
E	S	L	E	H	R	E	R	I	R	Z	T
R	O	T	E	R	Z	U	F	P	E	R	L
U	G	Ä	R	T	N	E	R	O	R	F	T

Was für ein Drache!

Dieses Märchen handelt von einem uralten Drachen. Kreise alle Wiewörter ein und zähle sie, dann weißt du, wie viele tausend Jahre er schon alt ist!

Lösung

Diese Wörter sind Wiewörter:
**scheußlichen, gefräßigen,
grässlich, widerlich, freundlich,
winzigen, wunderschöner, junger,
liebe.**
Der Drache ist also **9000** Jahre alt.

Finde die Jahreszeit!

Trage in jedes gelbe Feld den Buchstaben ein, der im Feld links genau an der gleichen Stelle steht. Schreibe die Buchstaben dann in der Reihenfolge der Zahlen auf. Zu welcher Jahreszeit passen die Wörter?

A	R	G	I
T	L	O	P
C	R	F	U
H	O	L	Ö
R	E	M	S

	2		
5			
		1	
	3		
			4

G	R	A	C
H	U	E	P
Ö	S	B	L
W	A	X	E
H	F	G	R
Z	K	N	O

			2
		6	
	1		
			5
3			
		4	

D	A	R	S
I	G	D	N
P	U	Z	L
R	T	Ü	S
T	U	G	W
E	V	B	Z
G	O	Ä	T
T	S	A	F

	3		
7			
			2
	4		
		1	
6			
			5
	8		

Lösung

Die Lösungswörter passen zur Jahreszeit **Winter:**
FROST, SCHNEE, GLATTEIS.

Überall Papageien

Herr Strobel will die Papageienkäfige in seiner Tierhandlung mit Namensschildern versehen. Die Namen sollen in alphabetischer Reihenfolge stehen. Hilfst du ihm? Trage die Namen in die Schilder ein.

Lösung

So ist die Reihenfolge richtig:
**Lara, Laura, Leila, Lela,
Lola, Lora.**

Das Sparschwein

Lies zunächst die Geschichte. Setze dann die Tunwörter an den passenden Stellen ein. Du kannst jedes Wort nur einmal verwenden.

behalten kaufen einkaufen ausgeben sparen zählen verkaufen

Kim will ab heute Geld ________________, um sich nächstes Jahr ein neues Fahrrad zu ______________. Sie denkt: „Ich werde einfach nicht mehr so viel Geld für Süßigkeiten ________________. Wenn ich für Mama im Supermarkt ________________ gehe, darf ich oft das Wechselgeld ______________. Vielleicht kann ich auch einige alte Bücher auf dem Trödelmarkt ______________________. Jetzt will ich aber erst einmal ____________, wie viel Euro schon in meinem Sparschwein sind."

Kim öffnet ihr Sparschwein, aber ach! Das sind ja erst 8 Euro und 57 Cent ...

So ist es richtig:
**sparen / kaufen / ausgeben /
einkaufen / behalten / verkaufen /
zählen**

Schlechte Verbindung

Kims Schildkröte ist verschwunden! Sie sucht in der Wohnung. Leo sucht im Garten. Beide haben ein Funkgerät dabei, um in Kontakt zu bleiben. Leider ist die Verbindung sehr schlecht. Kannst du trotzdem erraten, was sie sagen? Trage die fehlenden Buchstaben ein.

Lösung

Leo: Hallo Kim! Komm schnell her,
ich habe sie gefunden!
Kim: Hallo Leo! Super! Ich bin
sofort bei dir. Warte auf mich!

Sportlich, sportlich

In jeder Buchstabenkette haben sich zwei Sportarten versteckt! Welche Sportart siehst du in dem Bild? Umkreise die Buchstaben. Die übrigen Buchstaben nennen eine weitere Sportart. Schreibe beide auf.

T R u a d u e c r h n e n

B B a l o l x e e t t n

M T i n e n i n g i o l s f

S W e c h i w t s i p m r m u e n g n

Lösung

So heißen die Sportarten:

Rudern + Tauchen
Boxen + Ballett
Tennis + Minigolf
Weitsprung + Schwimmen

Wo leben die Tiere?

Mia, Leo und Kim erzählen von ihren Lieblingstieren. Wo leben die Tiere? Lies die Texte in den Sprechblasen und schreibe auf, wo die Tiere leben: im Wald, im Zoo oder in der Wohnung?

Ich besuche mein Lieblingstier jeden Monat mindestens einmal. Es hat eine tolle Mähne und ist ziemlich gefährlich.

Wenn ich zum Käfig gehe, flattert mein Lieblingstier aufgeregt mit den Flügeln, weil es genau weiß, dass ich gleich den Käfig öffne.

Mein Lieblingstier klettert gerne auf hohe Bäume und sammelt Nüsse. Der Förster hat es mir gezeigt.

Lösung

Mias Tier lebt **im Zoo.**
Leos Tier lebt **in der Wohnung.**
Kims Tier lebt **im Wald.**

Kims Meerschweinchen

In jeder Reihe stehen die Buchstaben in der Reihenfolge des Abc. Nur ein Buchstabe steht in jeder Reihe falsch. Kreise die falsch stehenden Buchstaben ein. Von unten nach oben gelesen sagen sie dir, wo Kim gerade mit ihrem Meerschweinchen war.

____

B → S → U → V → T → W → Z

A → H → Z → O → T → W → X

F → G → H → R → M → N → P

B → E → I → O → A → U → Z

E → J → R → L → N → U → V

A → G → K → Q → E → T → W

C → E → I → F → G → O → P

B → D → H → T → L → M → S

Lösung

Die beiden waren beim **TIERARZT.**

Welches Wort passt?

Sieh dir die Wortpaare genau an. Erkennst du den Zusammenhang? Finde heraus, welche Wörter fehlen, und schreibe sie dazu.

Saft → trinken

Banane → ____________________

Bonbons → Tüte

Brief → ____________________

Katze → Haare

Taube → ____________________

interessant → langweilig

schnell → ____________________

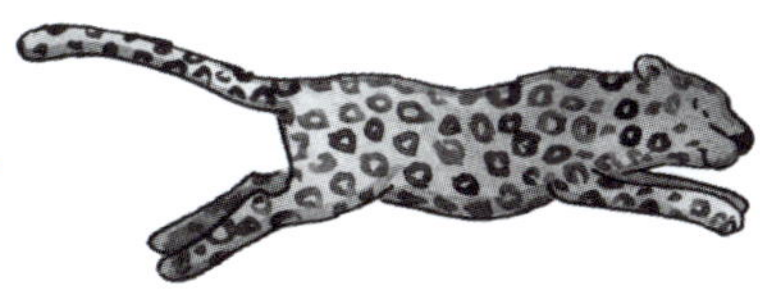

hell → dunkel

Tag → ____________________

Haare → Kamm

Zähne → ____________________

Lösung

Diese Wörter fehlen:
essen, (Brief-)Umschlag oder
(Brief-)Kuvert, Federn, langsam,
Nacht, Zahnbürste.

Immer mehr Silben

Kim hat acht Wörter aufgeschrieben. Manche sind ganz kurz, manche ziemlich lang. Schreibe vor jedes Wort die Anzahl der Sprechsilben.

In der richtigen Reihenfolge von 1 bis 8 ergeben die Anfangsbuchstaben ein Lösungswort. Wie heißt es?

Lösung

Das Lösungswort heißt **COMPUTER.**

Das gibt's doch gar nicht!

Welche dieser „Tiere“ gibt es überhaupt nicht? Streiche die falschen Buchstaben durch und schreibe die richtigen Buchstaben darüber.

Adler

Mucke

Halster

Löwe

Dochs

Igel

Fuchs

Ameile

Tiger

Elefant

Zubra

Esel

Möwe

Frosch

Hund

Hecht

Kröte

Krokodol

Hase

Hirsch

Sponne

Mauswurf

Herung

Grolle

Leopand

Schlecke

Schlinge

Lösung

So heißen die Tiere richtig: M**ü**cke, D**a**chs, Ha**m**ster, Amei**s**e, Z**e**bra, Kroko**d**il, Sp**i**nne, Mau**l**wurf, He**r**ing, Gr**i**lle, Schl**a**nge, Sch**n**ecke, Leopa**r**d.

Lies die Sätze und kreuze an: richtig oder falsch?
Die Buchstaben verraten dir das Lösungswort.

	richtig	falsch
Jeder Mensch hat jedes Jahr zweimal Geburtstag.	N ☐	F ☐
Der erste Weihnachtstag ist immer ein Sonntag.	I ☐	E ☐
Ostern ist immer im August.	K ☐	I ☐
Silvester ist genau eine Woche nach Heiligabend.	E ☐	O ☐
Die Wochen nach Neujahr nennt man Adventszeit.	L ☐	R ☐
Weihnachten ist nie im November.	T ☐	A ☐
Karneval, Fastnacht oder Fasching – das sind drei verschiedene Wörter für dieselbe Zeit im Jahr.	A ☐	U ☐
Die Weihnachtstage liegen immer in den Herbstferien.	S ☐	G ☐

☐ ☐ ☐ ☐ ☐ ☐ ☐ ☐

Trage hier alle Buchstaben ein, die du **nicht** angekreuzt hast. Auch sie ergeben ein Lösungswort.

☐ ☐ ☐ ☐ ☐ ☐ ☐ ☐

Lösung

1) Das Lösungswort heißt **FEIERTAG.**

2) Die anderen Buchstaben ergeben das Lösungswort **NIKOLAUS.**

Im Badezimmer

Streiche alle Dinge durch, die nicht ins Badezimmer gehören. Trage die übrigen Begriffe in das Rätselgitter ein. Die Buchstabenanzahl hilft dir dabei. Wie heißt das Lösungswort?

BADEWANNE DUSCHE BETT FÖHN

HANDTÜCHER PFERD BÜRSTE

SEIFE SHAMPOO SOFA SPIEGEL

WASCHLAPPEN BAUM DUSCHGEL

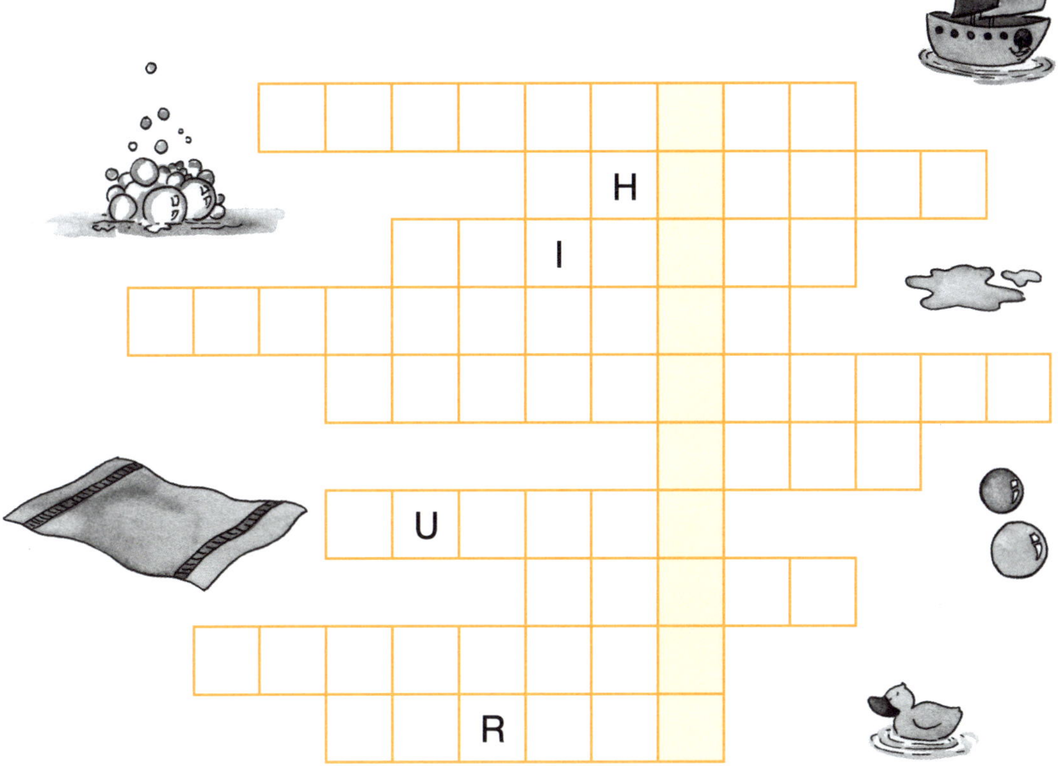

Lösung

Das Lösungswort heißt **NAGELFEILE:**

		B	A	D	E	W	A	N	N	E			
						S	H	A	M	P	O	O	
				S	P	I	E	G	E	L			
H	A	N	D	T	Ü	C	H	E	R				
			W	A	S	C	H	L	A	P	P	E	N
								F	Ö	H	N		
			D	U	S	C	H	E					
						S	E	I	F	E			
	D	U	S	C	H	G	E	L					
			B	Ü	R	S	T	E					

Merkwürdige Wortteile

Kim fragt Leo: „Kennst du ein Wort, in dem die Buchstaben **atpfa** vorkommen?“ Leo schüttelt den Kopf. „Na, das Wort Br**atpfa**nne!“, ruft Kim. Setze die folgenden Wortteile so in die Lücken ein, dass sich sinnvolle Wörter ergeben. Aber Achtung: Ein Wortteil bleibt übrig!

anduh sebu derbla ierko leisti
malka chenla ürkli umsta

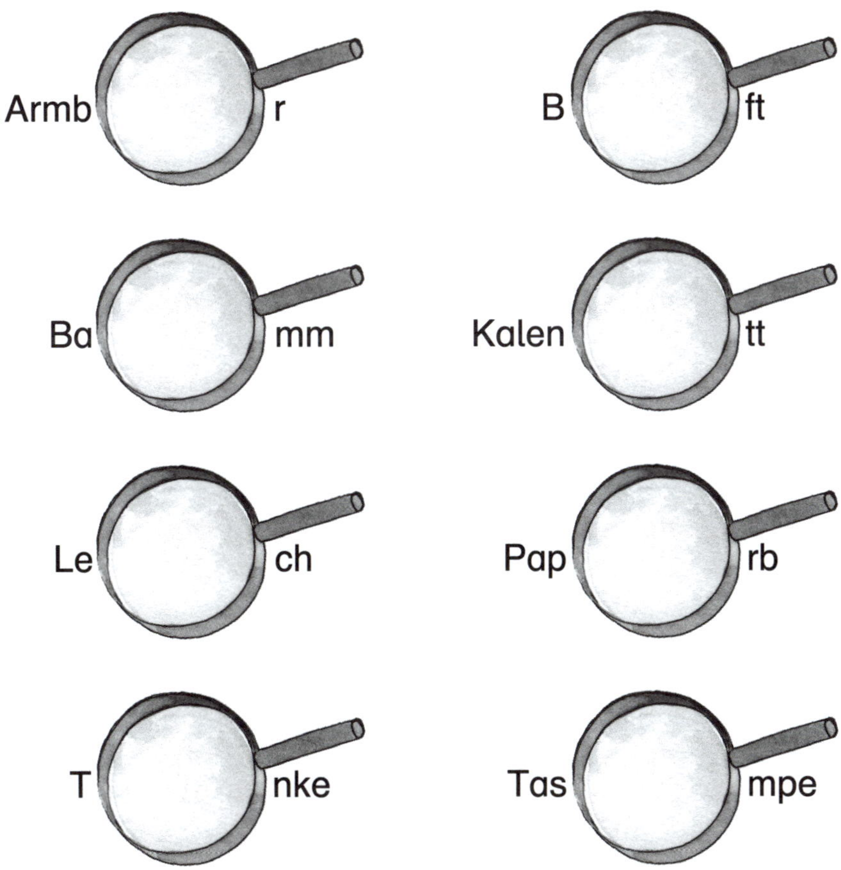

Lösung

So heißen die Wörter:
Armbanduhr, Bleistift, Baumstamm, Kalenderblatt, Lesebuch, Papierkorb, Türklinke, Taschenlampe.
Der Wortteil **malka** bleibt übrig.

Hier werden acht Gebäude gesucht! Die großen Anfangsbuchstaben zeigen dir, mit welchen Silben die Wörter beginnen. Schreibe sie auf und streiche die Silben durch, die du schon verwendet hast. Am Ende bleibt etwas übrig, das bestimmt kein Gebäude ist!

Lösung

So heißen die Gebäude:
Bahnhof, Flughafen, Grundschule, Kindergarten, Kirche, Krankenhaus, Rathaus, Supermarkt. Ein **Roller** ist kein Gebäude.

Sehr lecker!

Kim hat ihre Lieblingsspeisen und Lieblingsgetränke in Spiegelschrift aufgeschrieben. Halte einen Spiegel neben die Wörter. Kannst du die Wörter lesen? Kim hat auch zwei Quatschwörter aufgeschrieben. Wie heißen sie? Streiche sie durch.

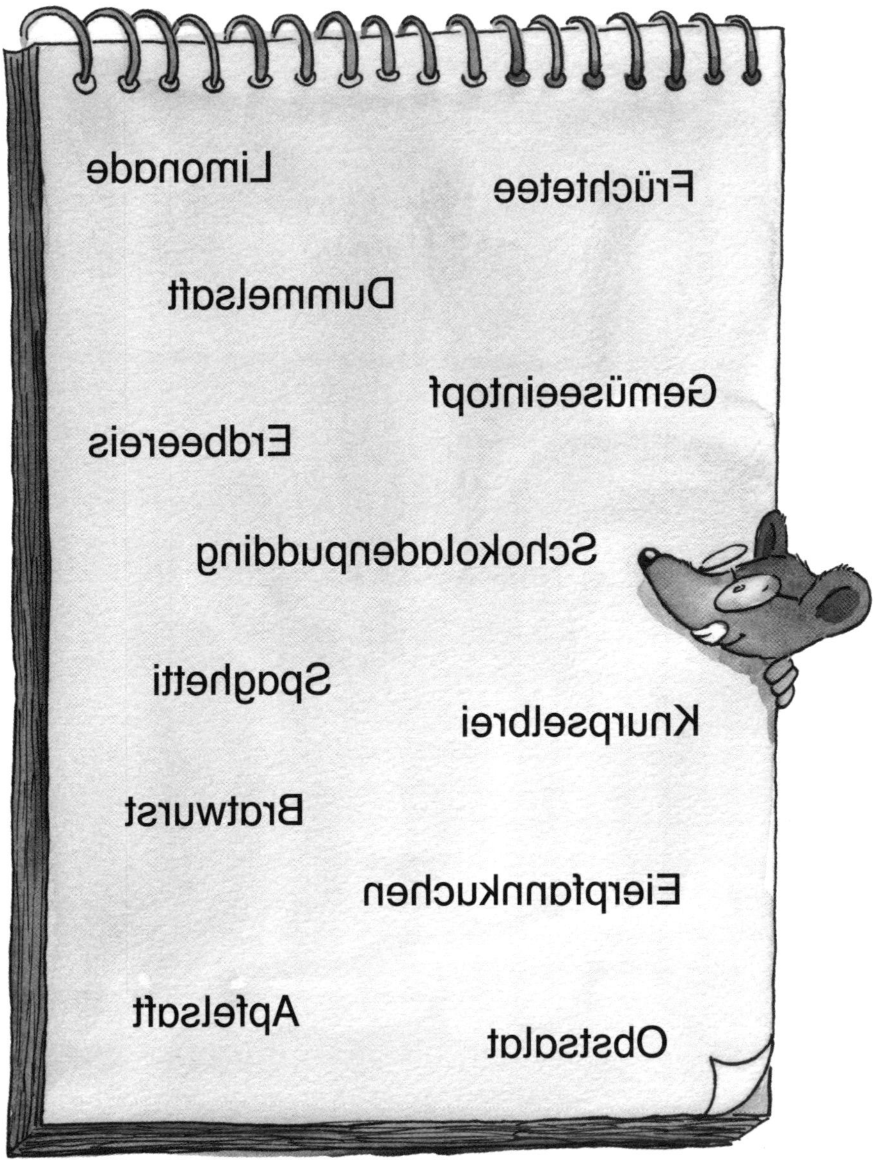

Lösung

Die Quatschwörter heißen
Dummelsaft und **Knurpselbrei.**

Nicht so ganz gelungen ...

Bei dieser Geschichte sind die Sätze durcheinandergeraten. Ordne sie, indem du die Zahlen von 1 bis 7 in der richtigen Reihenfolge vor die Sätze schreibst.

- ◯ Dazu holt er sich zuerst eine Schüssel.
- ◯ Was habe ich bloß vergessen?“
- ◯ Dort hinein gibt er Milch und Mehl und rührt kräftig.
- ◯ Leo möchte Eierpfannkuchen machen.
- ◯ „So sieht doch kein Pfannkuchen aus!
- ◯ Nun gießt er den Teig in die Pfanne und wundert sich:
- ◯ Ein bisschen Zucker kommt auch noch hinzu.

Was hat Leo beim Zubereiten des Teiges vergessen?

____

Lösung

1) So ist es richtig:
   2 / 7 / 3 / 1 / 6 / 5 / 4

2) In Eierpfannkuchen gehören
   natürlich auch **Eier!**

Wie heißen die Tierkinder?

Kim und Leo lieben Tierkinder. Du auch? Die Jungen der Tiere im Kasten haben besondere Namen. Trage sie an den richtigen Stellen in das Rätselgitter ein.

PFERD	KUH	SCHWEIN
SCHAF	VOGEL	REH

		K				
		I				
		M				
		+				
		L				
		E				
		O				

Lösung

So ist es richtig:

K	Ü	K	E	N		
	K	I	T	Z		
L	A	M	M			
		+				
K	A	L	B			
	F	E	R	K	E	L
	F	O	H	L	E	N

Die große Wette

„Ich wette mit dir um ein Eis, dass du es nicht schaffst, alle diese Wörter in die Einzahl zu setzen!“, erklärt Kim. Leo wettet dagegen. Aber leider verliert er die Wette. Bei welchen Wörtern kann Leo ganz sicher keine Einzahl bilden? Kreise diese Wörter ein.

Schwestern Bücher

Uhren Bilder

Autos

Zahlen

Mäuse

Ferien

Insekten

Hunde Jungen

Treppen Eltern

Leute

Kartoffeln

Vögel

Lösung

Bei diesen Wörtern gibt es keine
Einzahl: **Leute, Ferien, Eltern.**

Der Weg über den Fluss

Finde den Weg über den Fluss! Verbinde dazu die Felder, auf denen Wiewörter stehen. Du darfst von jedem Feld aus nach oben, unten, rechts oder links gehen, aber nie diagonal. Zeichne den Weg ein und male das Zielfeld aus.

Lösung

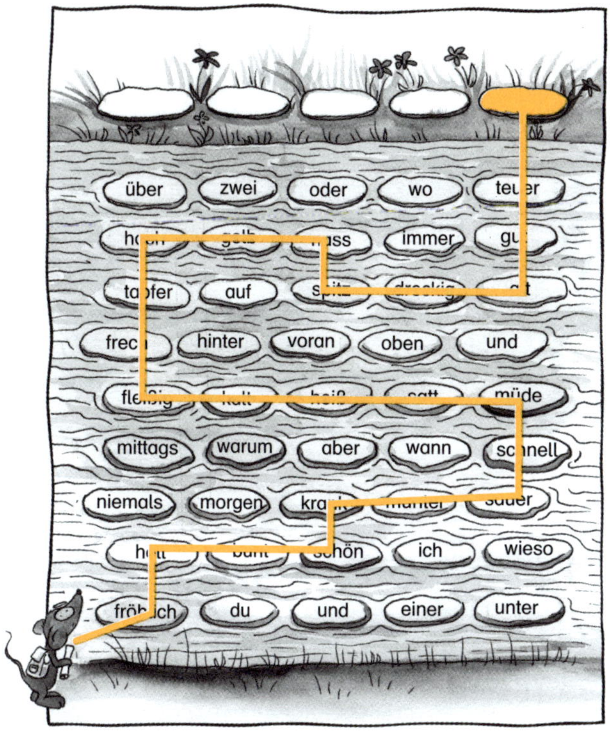
über
zwei
oder
wo
immer
tapfer
auf
hinter
voran
oben
und
müde
mittags
warum
aber
wann
niemals
morgen
schön
ich
wieso
du
und
einer
unter

Alle Vögel sind schon da

Hier stehen acht Vogelnamen. Leider sind die Buchstaben durcheinandergeraten. Schreibe die Wörter richtig in die dazugehörigen Kästchen. Als Lösungswort erhältst du einen weiteren Vogelnamen.

F K N I

A L E D R

T E B A U

L A M S E

E E R G I

A F S N A

G S A N

S T O C R H

Lösung

So heißen die Vögel:
FINK, ADLER, TAUBE, AMSEL,
GEIER, FASAN, GANS, STORCH.
Das Lösungswort heißt **FLAMINGO.**

Wörter-Puzzle

Bilde zusammengesetzte Namenwörter. Achtung: Nur eines der Wörter passt! Verbinde die richtigen Wortteile.

Käse Brot Mause	-falle
Tisch Auto Computer	-reifen
Uhr Ohr Ring	-zeiger
Saft Nasen Luft	-pumpe
Milch Wein Apfel	-trauben
Hinter Vorder Unter	-hemd
Hagel Regen Schnee	-schirm
Bauch Rücken Fuß	-ball

Die Anfangsbuchstaben der richtig zusammengesetzten Namenwörter ergeben den Namen eines Tieres. Wie heißt es?

Lösung

1) So setzt du die Wörter richtig zusammen:
Mausefalle, Autoreifen, Uhrzeiger, Luftpumpe, Weintrauben, Unterhemd, Regenschirm, Fußball.

2) Das Lösungswort heißt **MAULWURF.**

Rätselhaftes Zoo-Schild

Am Nashorngehege hängt ein seltsames Schild. Findest du heraus, wie alt Nashorn Berti ist?

Nashorn Berti ist ______ Jahre alt.

Lösung

Nashorn Berti ist **19** Jahre alt:
Wer **wissen will, wie alt das** Nashorn Berti **ist, der muss die** Anzahl **aller** Wörter **herausfinden, die in diesem** Text **eigentlich mit kleinen** Buchstaben **geschrieben werden.**

Sport ist gesund!

In jeder Reihe passt ein Wort nicht zu den anderen.
Streiche es durch.

hoch → weit → schnell → grün

Turnhalle → Bücherei → Sportstadion → Schwimmhalle

sitzen → laufen → werfen → springen

anstrengend → mühsam → einfach → schwierig

schwimmen → tauchen → reiten → planschen

Erfolg → Sieg → Gewinn → Niederlage

Lösung

Diese Wörter passen nicht dazu:
grün, Bücherei, sitzen, einfach, reiten, Niederlage.

Leo möchte unbedingt Kims Nachricht entschlüsseln! Hilfst du ihm dabei? Tipp: Das erste Wort heißt **Hallo.** Schreibe die richtigen Buchstaben unter die Geheimbuchstaben.

G z k k n   K d n !

H b g   f d g d   g d t s d

M z b g l h s s z f

l h s   Z m m z

h m   c d m

Y h q j t r .

J n l l r s   c t

z t b g   l h s ?

C d h m d   J h l

Lösung

Hallo Leo! Ich gehe heute
Nachmittag mit Anna in den
Zirkus. Kommst du auch mit?
Deine Kim

Seltsame Tiere

Was sind denn das für seltsame Tiere? In jedem Wort verstecken sich zwei Tiernamen. Schreibe sie auf.

Pelikaninchen → ________ ________

Reihering → ________ ________

Adlerche → ________ ________

Qualleopard → ________ ________

Igelch → ________ ________

Katzebra → ________ ________

Hier verstecken sich sogar drei Tiere in jedem Wort!

Schafferkel → ________ ________ ________

Eselefantilope → ________ ________ ________

1) **Pelikan + Kaninchen**
Reiher + Hering
Adler + Lerche
Qualle + Leopard
Igel + Elch
Katze + Zebra

2) **Schaf + Affe + Ferkel**
Esel + Elefant + Antilope

Nur ein kleiner Unterschied

Sieh dir die Bilder an. Immer zwei Wörter unterscheiden sich nur durch einen einzigen Buchstaben. Verbinde die zusammengehörenden Wörter. Ein Bild bleibt übrig. Kreise es ein.

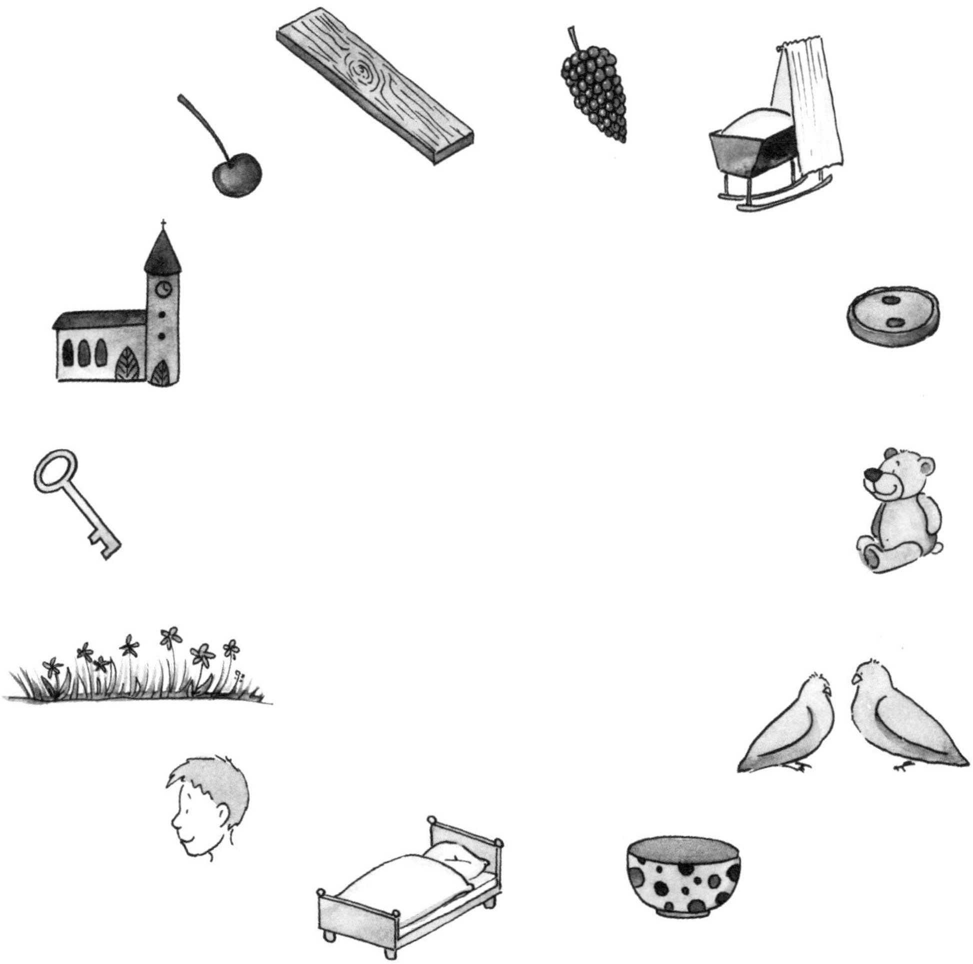

Lösung

Der **Teddy** bleibt übrig.

Hier geht's rund!

Immer vier Wörter gehören zusammen. Schreibe sie unter den richtigen Oberbegriff. Welches Wort passt zu allen drei Oberbegriffen? Kreise es ein.

Bikini

Autoscooter

Eintrittskarten

Gehege

Badehose

Duschen

Raubtiere

Sprungbrett

Achterbahn

Karussell

Delfinarium

Geisterbahn

Fütterung

Zoo	Schwimmbad	Freizeitpark

Lösung

Zoo:
Gehege, Delfinarium, Fütterung,
Raubtiere.

Schwimmbad:
Bikini, Duschen, Sprungbrett,
Badehose.

Freizeitpark:
Achterbahn, Geisterbahn,
Karussell, Autoscooter.

Das Wort **Eintrittskarten** passt
zu allen drei Oberbegriffen.

Sicherheit geht vor!

Überlege gut und setze die Wörter an den passenden Stellen in die Geschichte ein.

langsamer länger vorsichtiger
lauter schneller sicherer

Der Fahrgast drängelt den Taxifahrer: „Sie sind ja

______________ als eine Schnecke! Können

Sie nicht ______________ fahren?“ Der

Taxifahrer antwortet ruhig: „Mein Herr, Sie schreien ja

______________ als ein Brüllaffe! Das ist mein Auto.

Ich fahre lieber etwas ______________. Das dauert

zwar ______________, aber so ist das Fahren sehr

viel ______________.“

Lösung

langsamer / schneller / lauter / vorsichtiger / länger / sicherer

Sprachen und Länder

Mach mit beim Länder-Rätsel! Leo nennt den Namen eines Landes. Kim sagt, wie man dort spricht. Bei drei Ländern weiß sie aber nicht Bescheid. Findest du die fehlenden Wörter? Schreibe sie auf.

Deutschland England
Frankreich Dänemark
Griechenland Türkei
China Schweden
Italien Spanien

italienisch englisch
dänisch türkisch deutsch
griechisch schwedisch

____

____

____

Lösung

französisch, chinesisch, spanisch

Kim und Leo lösen gerne Bilderrätsel! Machst du mit?
Durchgestrichene Zahlen bedeuten, dass dieser Buchstabe wegfällt. Schreibe die Wörter auf, die entstehen.

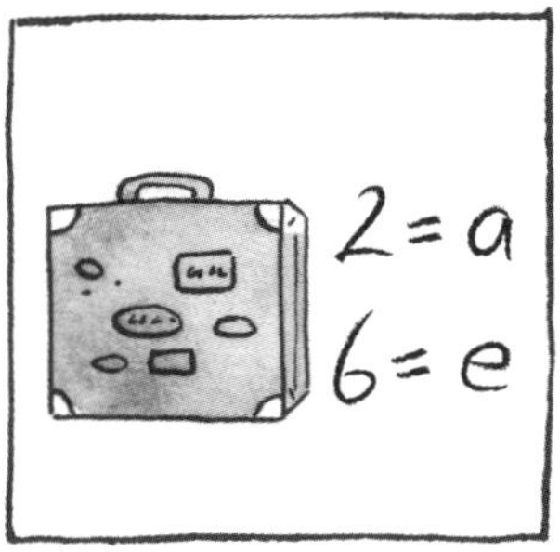

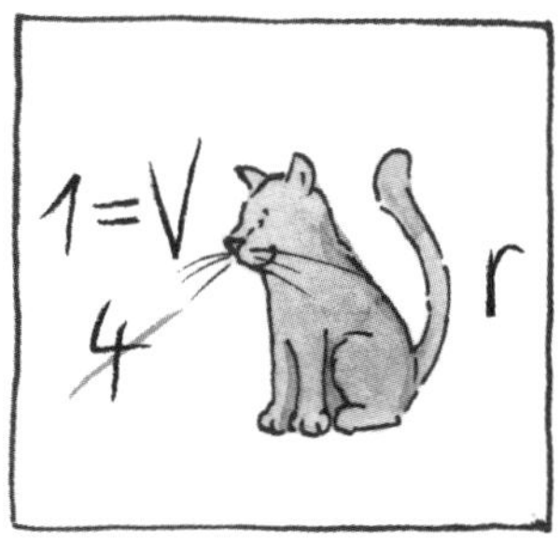

Lösung

So heißen die Wörter:
Kaffee, Bus, Tasche, Haken,
Pilot, Dieb, Schule, Ratte, Vater.

Hier beschreiben zwei Sätze immer zwei ganz verschiedene Dinge, für die es aber dasselbe Wort gibt. Findest du heraus, welche Wörter gemeint sind?

Es ist ein ziemlich kleines Säugetier.

Damit steuere ich den Computer.

So nennt man den oberen Teil eines Zimmers.

Ich lege es über mich, bevor ich einschlafe.

Man pflanzt Blumen hinein.

Es ist ein anderes Wort für den Planeten, auf dem wir leben.

Lösung

So heißen die Teekesselchen:
Maus, Decke, Erde.

Welches Wort passt?

Welches der drei Wörter passt zum Oberbegriff?
Kreise es ein.

Gewicht	→	Meter	Euro	Kilogramm
Körper	→	Hose	Arm	Heizung
Motor	→	Fahrrad	Ruderboot	Lastwagen
Vogel	→	Ente	Biene	Fledermaus
Wetter	→	Teich	Berge	Nebel
Haus	→	Garten	Dach	Stadt
Obst	→	Gurke	Erdbeere	Kirschtomate
Kreis	→	Bremse	Sattel	Reifen

Die Anfangsbuchstaben der eingekreisten Wörter ergeben ein Lösungswort. Wie heißt es?

Lösung

1) Diese Wörter gehören zu den Oberbegriffen:
   Kilogramm, Arm, Lastwagen, Ente, Nebel, Dach, Erdbeere, Reifen.

2) Das Lösungswort heißt **KALENDER.**

So ein Krach!

Kim und Leo kommen an einer Baustelle vorbei. Dort wird gerade mit einem Presslufthammer gearbeitet. So ein Gerüttel! Da werden sogar die Sätze durcheinandergeschüttelt! Schreibe richtig auf, was Leo und Kim sagen.

Leo: **Es macht sicher Spaß, auf einer Baustelle zu arbeiten!**

Kim: **Mir ist es hier viel zu laut!**

Was ist denn das?

Umkreise den Buchstaben vor dem richtigen Wort.

Kim liest in jeder freien Minute ein Buch. Sie ist eine

G Schreibmaus. E Leseratte. F Bücherschlange.

Leo hat den ganzen Tag Fußball gespielt. Jetzt hat er einen

R Beintiger. U Fußlöwen. L Muskelkater.

Tim fürchtet sich vor allem und jedem. Er ist ein kleiner

M Furchtfuchs. P Schreckhund. S Angsthase.

Nina macht sich gern schmutzig. Mama nennt sie

A Schmutztaube. T Dreckspatz. W Mistmeise.

Mia ist gern bis Mitternacht wach. Sie ist eine ziemliche

E Nachteule. U Abendtaube. K Dunkelgans.

Paul nennt sein Fahrrad aus Quatsch auch

N Metallpferd. A Räderkamel. R Drahtesel.

Die angekreuzten Buchstaben bilden den Namen eines Vogels, der angeblich gern glitzernde Sachen stiehlt:

Die diebische ______ ______ ______ ______ ______ ______.

Lösung

1) Diese Wörter passen:
Leseratte, Muskelkater, Angsthase, Dreckspatz, Nachteule, Drahtesel.

2) Das Lösungswort heißt **ELSTER.**

Monat um Monat

Trage die zwölf Monate an den richtigen Stellen ein. Zähle dazu die Anzahl der Buchstaben. Das Lösungswort zeigt dir die Zeit des Jahres, die Kim und Leo am liebsten mögen!

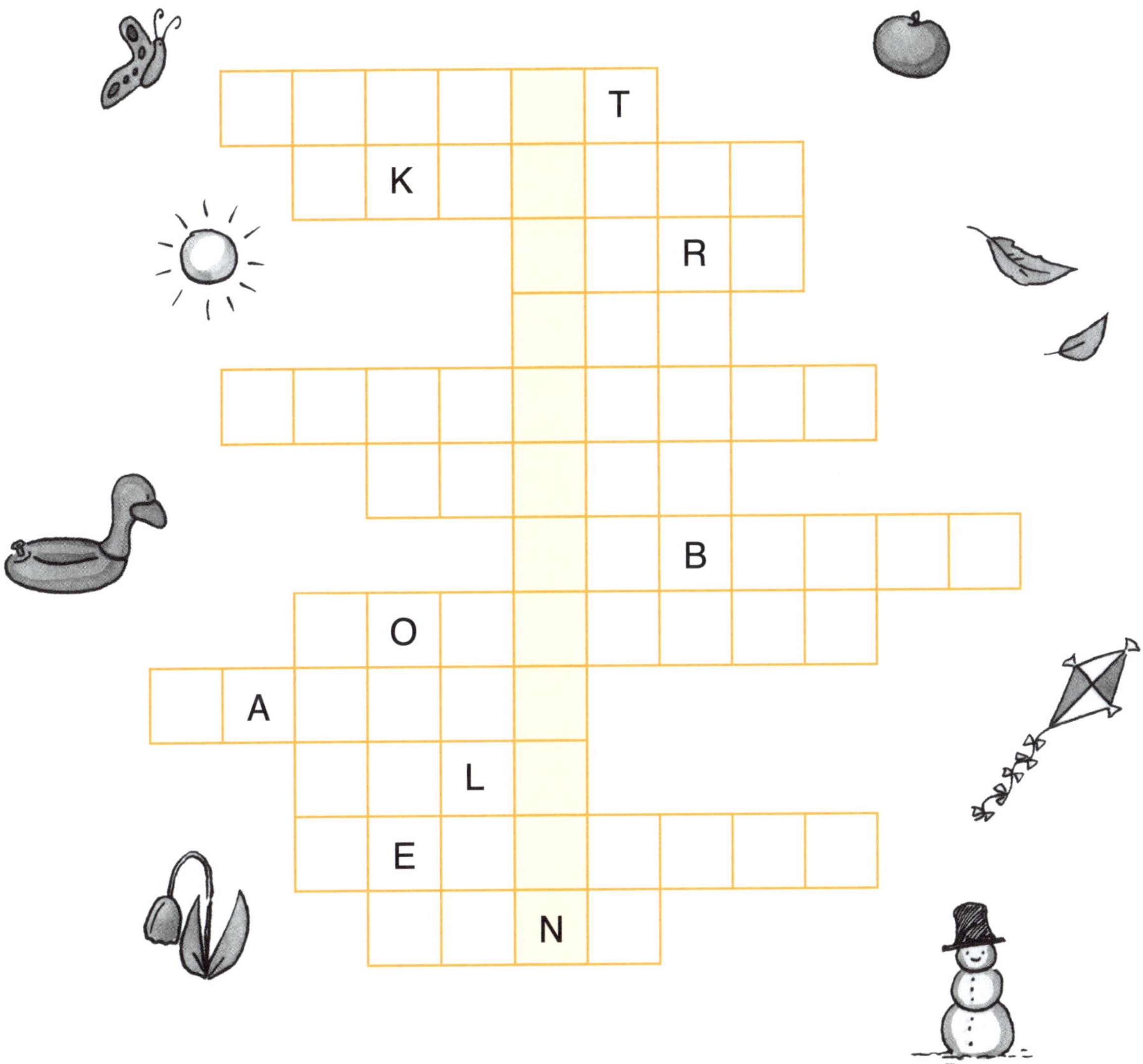

Kim stellt eine Scherzfrage. Weißt du die Antwort?

„Der kürzeste Monat des Jahres ist der Mai! Warum?"

Lösung

1) Das Lösungswort heißt
SOMMERFERIEN:

	A	U	G	U	S	T					
		O	K	T	O	B	E	R			
					M	Ä	R	Z			
					M	A	I				
	S	E	P	T	E	M	B	E	R		
			A	P	R	I	L				
					F	E	B	R	U	A	R
		N	O	V	E	M	B	E	R		
J	A	N	U	A	R						
		J	U	L	I						
		D	E	Z	E	M	B	E	R		
			J	U	N	I					

2) Der **Mai** ist der einzige Monat mit nur drei Buchstaben!

Lies die Geschichte. In jedem Satz ist genau ein Wort zu viel. Streiche die überflüssigen Wörter durch.

Kim und Leo sind im dem Freizeitpark. Sie steigen fröhlich zu in einen Wagen der Geisterbahn. Der Schausteller bittet sie ihn freundlich: „Nehmt eure Rucksäcke auf das den Schoß!“ Dann werden müssen die Sicherheitsbügel geschlossen. Der Wagen startet ab mit einem heftigen Ruck, und schon sind Kim und Leo im Dunkeln. „Iiiiih!“, schreit da Kim laut oder und erschrocken. An der Ecke lauert wie ein bleiches Skelett. „Das ist ja total nie widerlich!“, kreischt sie. An der nächsten Ecke Weg heulen fünf Gespenster. „Ich will sofort dort hier raus!“, jammert Kim. Am Ende der Fahrt sagt Leo zu auf Kim: „Ich wusste gar nicht, dass du ich solche Angst hast!“ Kim schüttelt sich noch jemals immer, aber sie grinst: „Ich habe bin überhaupt keine Angst! Aber in dem Moment, als wann der Wagen gestartet ist, da ist meine Limoflasche im Rucksack geplatzt und ausgelaufen! Das muss ist total eklig!“

Lösung

Diese Wörter sind zu viel:
dem / zu / ihn / das / müssen / ab / oder / wie / nie / Weg / dort / auf / ich / jemals / bin / wann / muss

Geheimzeichen

Jetzt wird es knifflig! Für jeden Buchstaben steht hier ein Geheimzeichen. Ein Wort ist schon eingetragen. Übertrage zuerst die Buchstaben dieses Wortes in alle Felder, in denen sie im Rätselgitter vorkommen. Dann findest du sicher heraus, welche Obstsorten hier stehen.

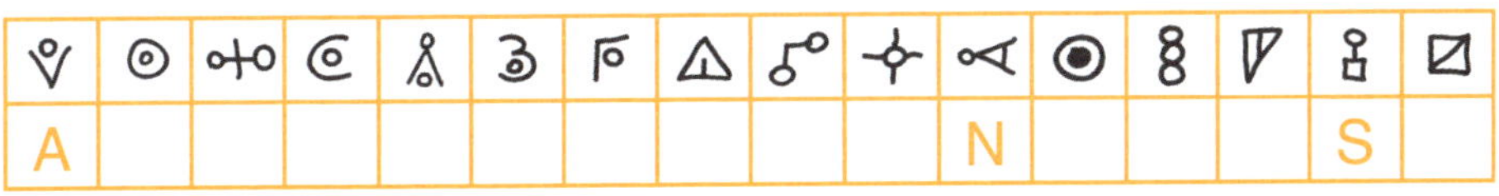

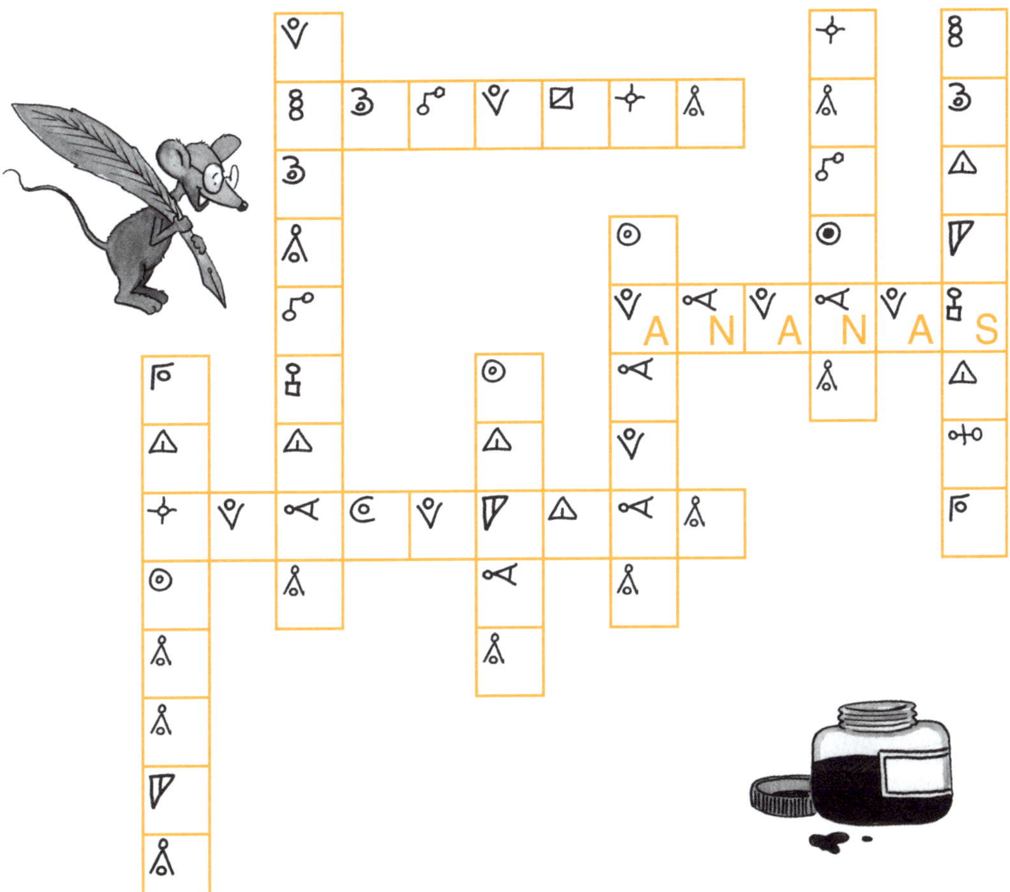

Lösung

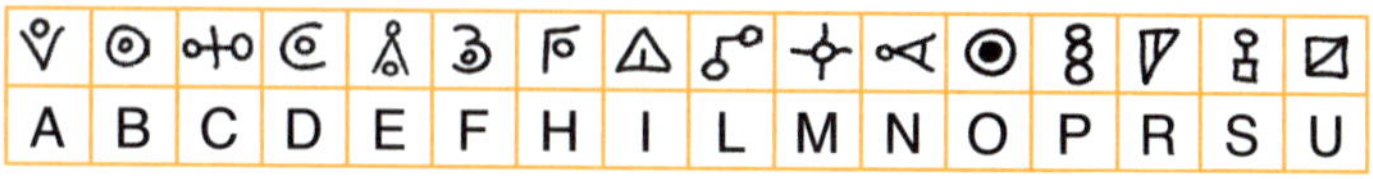
A B C D E F H I L M N O P R S U

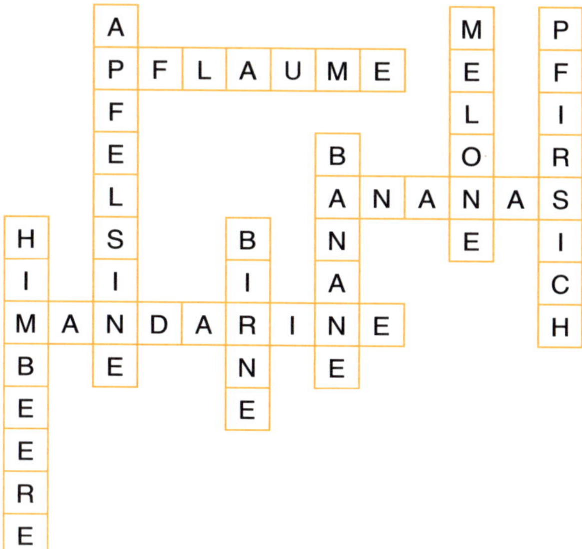
APFELSINE
PFLAUME
MELONE
PFIRSICH
BANANE
ANANAS
HIMBEERE
BIRNE
MANDARINE

Scherzfragen

Kim und Leo stellen sich Scherzfragen. Findest du die Lösungen?

Lösung

- Leo selbst
- das Wort „und“
- der Ellbogen
- der Seelöwe
- das Abendbrot